U0942468

TradingView

速成編寫策略專書

記得在 2014 年我們是最早在香港教授程式交易，當年不少做程式交易的都只能將程式連接至 Interactive Broker 做 Autotrade，但當時其實已有很多的人希望把程式如 AmiBroker、MultiCharts 等連接至本地的券商進行交易，而我們也是最早做到的。

自動交易的好處就是能降低人為的因素所帶來的風險，特別是 Daytrader 每天需要花大量時間看盤，這確實並不容易，但自動交易就能令他們在交易時變得更輕鬆。近年由於 TradingView 越來越流行，我們也改為主力教授 TradingView 為主。

在我們的 Youtube（https://www.youtube.com/@markchunwai）中，大家也看到很多由我們研發的策略，例如「ICT 策略改良版」、「瑞典交易員 Kristjan Kullamagi 交易策略」、「專炒 UVIX 策略」、「T33 專炒香港期指」、「收市前下單 月薪多 2.7 萬港元策略改良版」、「TTM 背馳改良版」等等。

全部策略都會有 Backtest report 給大家參考，正如「ICT 策略改良版」在過去一年交易美期的勝率超過七成，以 1 張美期計算，獲利超過 26 萬港元。另外，「收市前下單 月薪多 2.7 萬港元策略改良版」，執筆時的一個月回報（以 20 萬港元計算），獲利有 27,927 元，勝率有 77%。

這些策略全都是用 TradingView 寫出來，而且可以連接富途、Interactive Broker、Vantage、Webull 等等不同的券商 Autotrade，所以大家其實只要熟習用 TradingView 的 Pine Script 來寫策略，你會發現你的交易成績會逐漸變得不同。

因為別人告訴你的策略你會懂得用 Pine Script 寫出來做 Backtest 驗證，一些名家的交易策略，你也懂用 Pine Script 寫出來再改良，又或者你過去的交易經驗也可以綜合起來，用 Pine Script 寫一個你獨有交易策略，這些就是學懂程式交易的好處。

希望大家透過本書，能真正從新手變成用 TradingView 的 Pine Script 寫策略的專家。

麥振威

第一部分：基本教學

第二部分：進階教學

第三部分：實戰教學

附錄

void groups
void groups
if (grou
int
if (grou
for
int
for
mod.use_x = False
mod.use_y = True
mod.use_z = False
ation == "MIRROR_Z":
mod.use_x = False
mod.use_y = False
mod.use_z = True
kfree(g
kfree(g
.active = modifier_ob
tion at the end -add back th
EXPORTSYMBOL
.select= 1
ob.select=1
EXPORTSYMBOL
/* export t
t.scene.objects.active = mod
elected" + str(modifier_ob))
/* export t
static int
int i;
unsigned
int i;
unsigned
for (i
for (i
if

Part 01

基本教學

TradingView 基本介紹

筆者早在 1997 年便從事這個行業，在 2003 年撰寫第一本個人書籍，至今已寫了三十多本，有些早年出版的書籍大家也可以在圖書館找到。然而，大家會發現，大約在 2010 年左右筆者才開始提及程式交易，因為早年在香港根本並不流行。

從 2014 年開始，我們開辦了程式交易課程，當時主要是教學員運用 AmiBroker 這個軟件，其後也開始教授 MultiChart，但無論是 AmiBroker 還是 MultiChart 都有一個共通點，就是兩個軟件都需要自行輸入數據。不少新手在學習輸入數據的過程中已感覺很困難，因此便決定放棄。此外，AmiBroker 及 MultiChart 的價錢也並不便宜，前者購買使用大約需要 5,000 多港元，後者即使以優惠折扣購買，也需要 13,000 港元以上。

到了 2023 年，Trading View 這個平台越來越流行，因此我們便開始轉為主力教授 Trading View。目前市場上其實有不少這類軟件，包括 Trading View、MT4、MultiCharts 及 AmiBroker 等，筆者認為在功能及性價比上，Trading View 會是首選。

首先，Trading View 已內置數據給用戶使用，基本上只要登入平台，在圖表的下方就可看到「Crypte Paris Screener」、「Pine Editor」、「Strategy Tester」、「Replay Trading」及「Trading Panel　」。

「Replay Trading」：

當你運用 Trading View 的模擬戶口做交易後，「Replay Trading」可以將某段時間的走勢重新「播放」，而且播放的過程可以包括個人策略中的交易訊號，並會在圖表上標示出來。

「Trading Panel」：

Trading Panel 中的「Paper Trading」可讓你連接其提供的模擬戶口進行模擬交易。

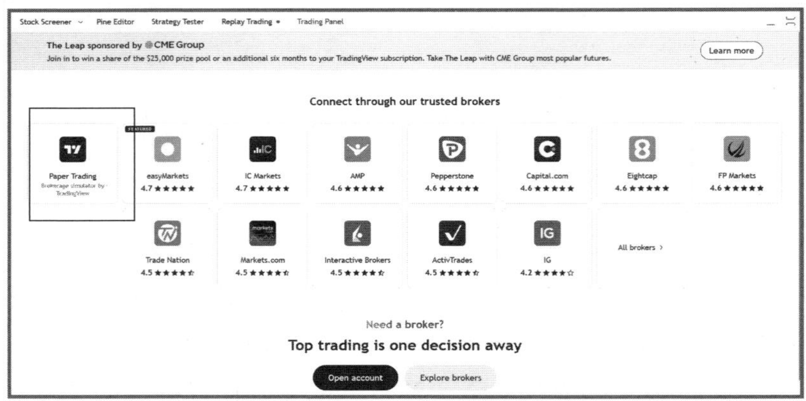

「Pine Editor」：

這部分才是 Trading View 中最重要的，可以在這裡使用 Trading View 的獨家語法 Pine Script 來寫指標及交易策略，然後可以把寫好的指標在實時數據圖表上觀看，也可以把用 Pine Script 寫好的策略在 Trading View 中做回測。

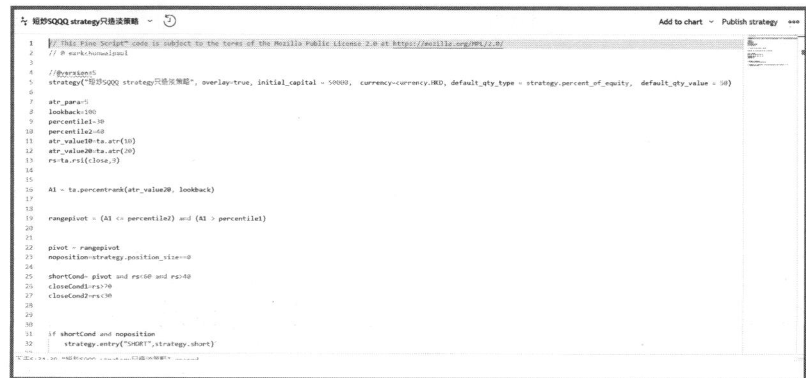

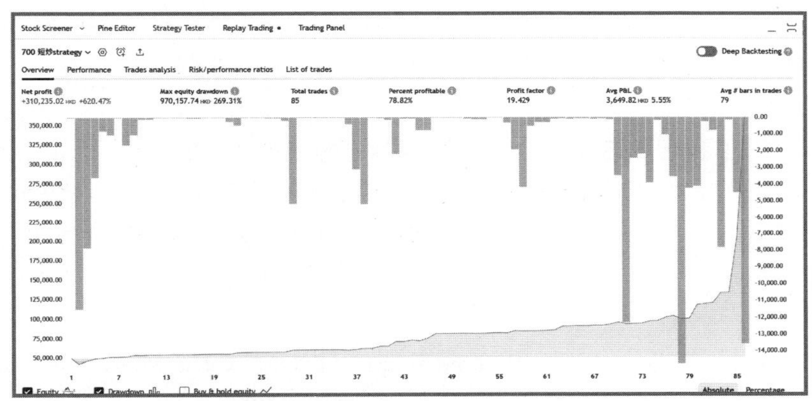

「Strategy Tester」：

可以直接將已用 Pine Script 寫好的策略做回測。

其實，程式交易至今已越來越流行，運用程式你可以在真實交易前先用歷史數據做回測。例如，你有一個運用平均線及 1 分鐘圖表的策略，你想看看在過去 1 年有多少個入市訊號，當中有多少比例是能獲利，又有多少比例是會虧損的，運用程式可以在 1 分鐘內便能完成回測。

此外，現時全球市場的關聯也越來越大，不少炒家都同時會交易港股、美股、比特幣等。因此，運用程式就可以省略不少時間，不用花時間看盤，只要用 Trading View 的 Pine Script 把策略寫好，就能連接至券商，根據你自行設定的策略自動交易。

當然，無論是 Trading View、AmiBroker、MultiCharts 或 MT4，也有些工作是做不到的，例如你要寫 AI 相關的策略，要寫一些 AI 模型如 LSTM、CNN 等模型就必須用 Python；又或你要寫一些排盤的策略，例如運用 bid1、bid2、bid3、ask1、ask2、ask3 等排盤的數據來寫一些超短線的交易策略，也只有 Python 能做到。

不過，大家再看本書附錄中《如何將 TradingView 的 Pine Script 寫好的策略轉為 Python 版本》這篇文章便會明白，只要學好 Trading View 的 Pine Script，要再學 Python 寫交易策略其實也不太困難。

目前 Trading View 的 Pine Script 已推出了 version 6 版本，但本書大部份的例子都沿用 version 5，原因是 Trading View 本身很多的內置指標其實都在用 version 5。此外，Trading View 設有討論區，有不少用戶都會將自己寫的策略發佈給其他用戶分享，目前最多人用的仍然是 version 5。由於新手在學習的過程中必須要看大量別人寫的例子才能進步得更快，所以筆者維持用 version 5 的版本給大家作例子，這樣反而會學得更好。

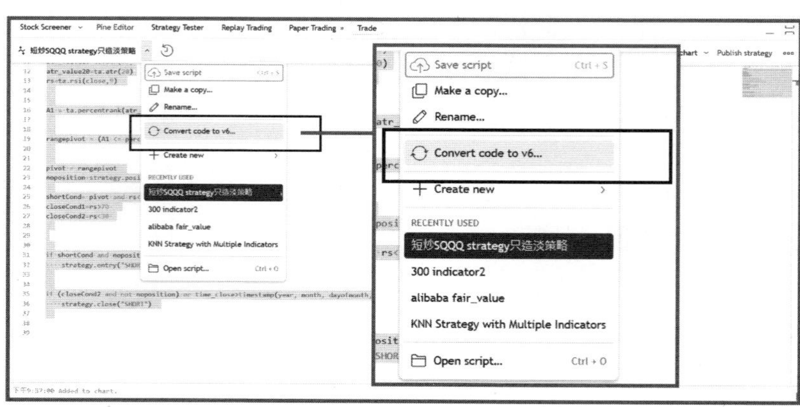

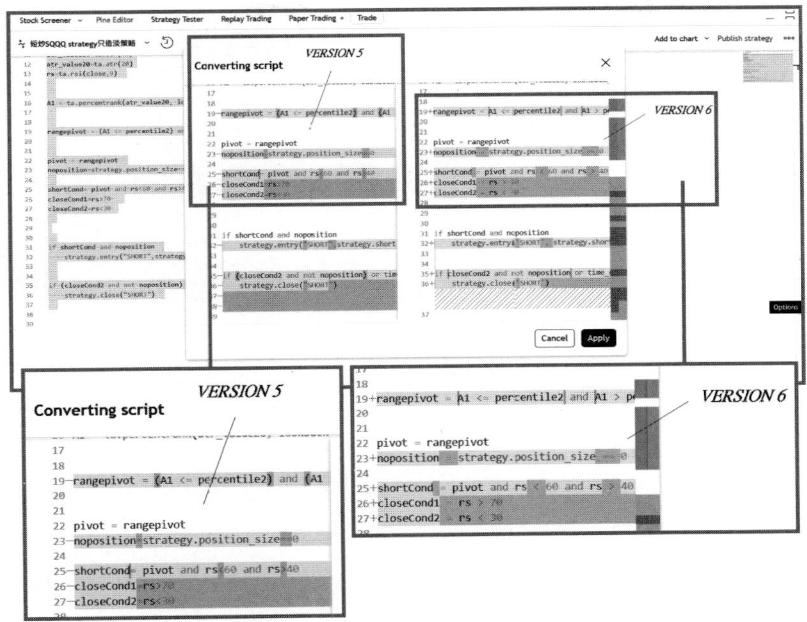

當你熟習 Pine Script 的 version 5 後，你在 Pine Editor 的部分，可以看到有「Convert code to v6.」這個選項，Trading View 可以直接將你已用 version 5 寫好的版本快速轉為 version 6，然後更會給你看 version 5 與 version 6 的分別。如果你已十分熟悉 version 5，你就會發現其實兩者分別不大，只是一些細節如 " " 改為 ' ' 等，只要多看幾次，其實你也會很快熟悉 version 6 的版本。然而，如果你是新手，又先學 version 6 的話，就會感到奇怪，為甚麼自己寫的好像總是與別人寫的例子不同，因為你仍未熟悉這套語法，但其他人又大多仍沿用 version 5，那麼你會覺得更加混亂。

TradingView 的 Pine Script 基本認識

有關 Trading View 的 Pine Script，其實與 MultiCharts 的 Power Language 有點相似。若你是完全新手，筆者告訴大家一個寫策略的最基本「格式」，最初便跟著這個格式去寫，到習慣了就會很容易上手。

```
//@version=5
strategy("My strategy", overlay=true, margin_long=100, margin_short=100)
```

第一步驟：設定變數

例如 : rsi_Length=input(9)

第二步驟：計算過程（包括技術指標的計算）

例如 : rs=ta.rsi(close,rsi_Length)

第三步驟：設定入市條件

例如： LongCondition= rs<=30 and rs>10
ShortCondition=rs>=70 and rs<90

第四步驟：設定入市及離場準則

可以想像成你想寫英文書信一樣，也會有一定的「格式」要求，要這樣寫 Trading View 才會明白你想表達甚麼。

//@version=5

strategy("My strategy", overlay=true, margin_long=100, margin_short=100)

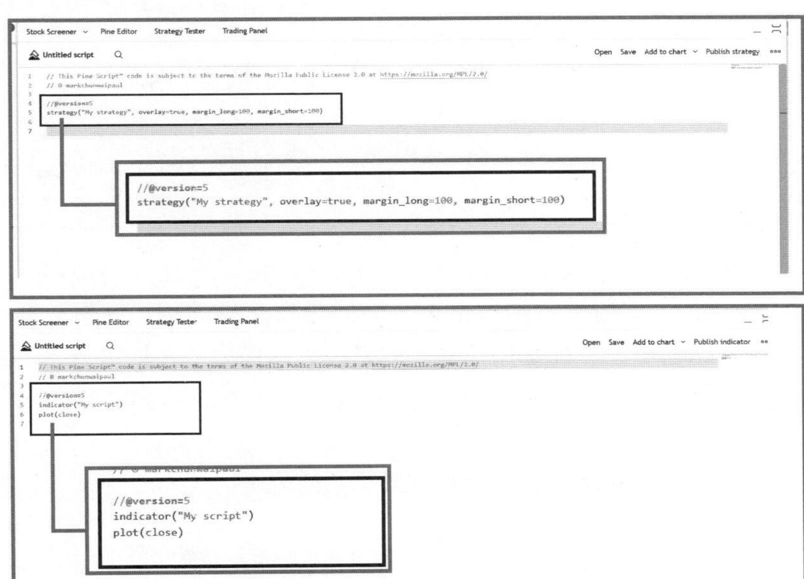

而以上兩句是一定要有的，version 5 代表了要告訴 Trading View 你用的 Pine Script 版本，若沒有寫策略就會不能 compile，用不到的。

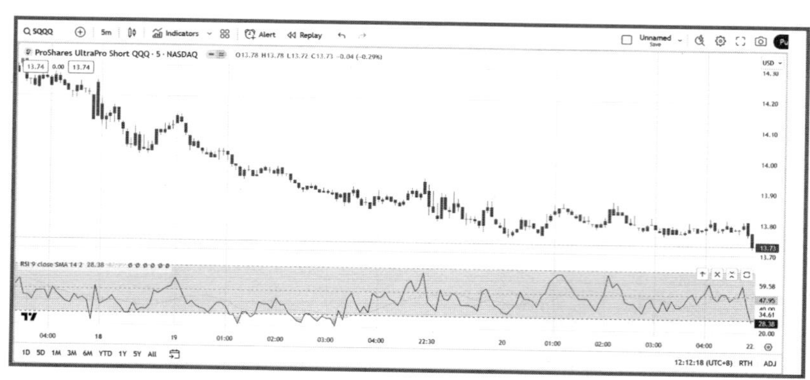

至於 strategy 就是告訴 Trading View 你要寫的是交易策略。Trading View 常用的有兩種格式，一種是寫交易策略，就是要寫明是 strategy；另一種是寫指標，就是沒有入市訊號，只是想自己設計一個技術指標在圖表上觀看，那便要用上 indicator 的字眼。

如以下的寫法便是寫指標的最開頭部分：

```
//@version=5
indicator("My script")
```

另外，寫 strategy 時大家見到 overlay=true, margin_long=100, margin_short=100，因為大家寫好策略後，策略中可能包括了把某些指標顯示在圖表上的，overlay=true 就代表你想這些指標顯示在「主圖」上，若想在走勢圖之下顯示，那就寫成 overlay=false。

而 margin_long=100, margin_short=100 是設定長、短倉的入市比例，有時候大家也會看到有些炒家會在這部分加上以下部分，是因為要為 Backtest 做一些設定。

在 AmiBroker 或 MultiCharts 我們會有另外一個頁面做設定，但 Trading View 就直接在這裡寫出來便可以。

commission_type=strategy.commission.percent，這代表用百分比來計算佣金

commission_value=0.2，佣金百分比是 0.2%

initial_capital=10000，最初的本金為 10,000 元

slippage=1，滑格設定為 1 個最小價格變動

currency=currency.USD，設定用美元來做 Backtest 的單位

例如你想寫以下的策略：

RSI(9) 跌至 30 以下但高於 10 便造好

RSI(9) 跌至 10 或升至高於 50 便平好倉

RSI(9) 升至 70 以上但低於 90 便造淡

RSI(9) 升至 90 或跌至低於 50 便平淡倉

這個策略十分簡單，第一個步驟是要看看有哪些是有「數字」的，這些數字由於我們想將來可以更容易更改，所以要先將其設定為變數。其實所有技術指標的參數都會是變數，而這個策略中，RSI 便需要先設定一個變數。

大家在網上找例子會看到很多設定變數的寫法，如看到 var int, var float 等，這些筆者之後再講解。最先大家可以先記著這個準則，你先給變數一個名字，然後寫 =input(數字)。

以上的例子筆者給 RSI 的變數名字為 rsi_Length，那寫法就是：

```
rsi_Length=input(9)
```

然後第二個步驟是計算過程，某些指標如 Zero Lag MACD 並沒有內置 function，那就要自己「加減乘除」去計算，有些指標是有內置 function 的，例如 RSI 便可直接寫。

所有寫技術指標的方法都要先加「ta.」在開頭，例如 RSI 便是 ta.rsi（列明用哪一種數據去計算，計算的長度）。如 ta.rsi(close, rsi_Length)。

最後我們給這個 rsi 一個名稱，方便寫策略之後的部分可以使用，例如筆者給它名稱為 rs，寫法就是：

```
rs=ta.rsi(close,rsi_Length)
```

然後第三個步驟就是設定入市條件，最初大家可以用以下的寫法較簡單：

```
LongCondition= rs<=30 and rs>10
ShortCondition=rs>=70 and rs<90
LongCloseCondition=rs<=10 or rs>50
ShortCloseCondition=rs>=90 or rs<50
```

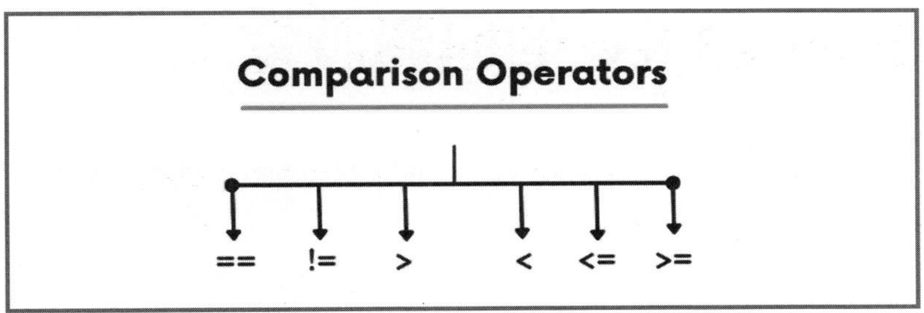

這些過程中會經常使用「>」、「<」、「>=」、「<=」這些符號，代表大於、小於、大於或等於、小於或等於，也會用很多 and 及 or 把策略組織起來。另「!=」代表不等於。

最後是第四個步驟，你需要用上「if….」、strategy.entry 及 strategy.close。

strategy.entry 的寫法，造好及造淡是不同的，

造好：strategy.entry(" 名稱 ", strategy.long)
造淡：strategy.entry(" 名稱 ", strategy.short)

而 strategy.close 在之後的括弧 ( ) 內要加上好倉或淡倉的名稱，這才能對應到是要平好倉還是要平淡倉。

這些都是最初常會遇到的問題，改正後便可以。若是完全新手，先記好這個「格式」，在 Trading View 上先寫幾次，應該不會感到太困難。有了基本概念後再慢慢學其他的寫法，累積經驗後便能逐步寫很多不同的策略。

TradingView 的回測設定

當你在 Trading View 的 Pine Editor 寫好你的策略後，要為策略做回測便十分容易。

首先，大家在 Pine Editor 的右上角會看到「add to chart」，直接按這部分就會顯示回測的結果，在圖表上會看到每個買入及賣出訊號。然後轉至「Strategy Tester」便可看到詳細的回測結果。

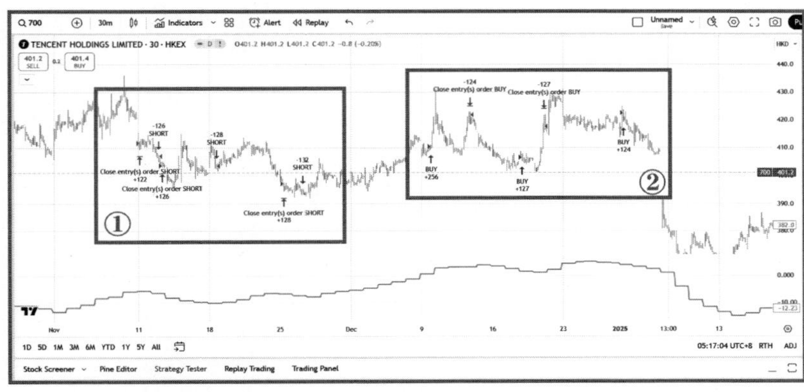
TENCENT HOLDINGS LIMITED · 30 · HKEX
-126
SHORT
Close entry(s) order SHORT
+122
Close entry(s) order SHORT
+126
-128
SHORT
-132
SHORT
Close entry(s) order SHORT
+128
-124
Close entry(s) order BUY
-127
Close entry(s) order BUY
BUY
+256
BUY
+127
BUY
+124
①
②

①
-126
SHORT
Close entry(s) order SHORT
+122
Close entry(s) order SHORT
+126
-128
SHORT
-132
SHORT
Close entry(s) order SHORT
+128

②
-124
Close entry(s) order BUY
-127
Close entry(s) order BUY
BUY
+256
BUY
+127
BUY
+124

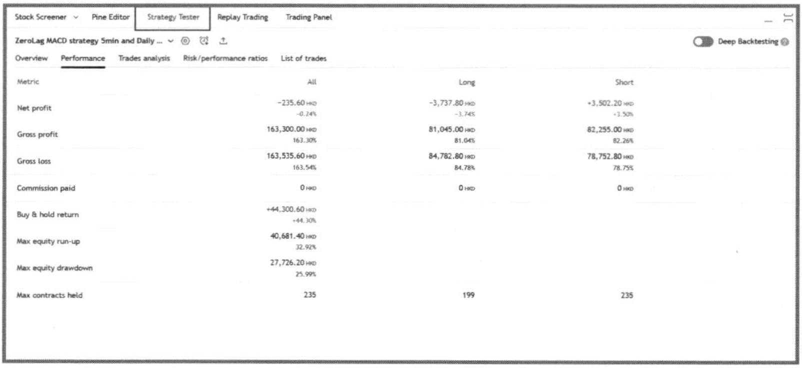

Stock Screener Pine Editor Strategy Tester Replay Trading Trading Panel

ZeroLag MACD strategy 5min and Daily ... Deep Backtesting

Overview Performance Trades analysis Risk/performance ratios List of trades

Metric	All	Long	Short
Net profit	−235.60 HKD −0.24%	−3,737.80 HKD −3.74%	+3,502.20 HKD +3.50%
Gross profit	163,300.00 HKD 163.30%	81,045.00 HKD 81.04%	82,255.00 HKD 82.26%
Gross loss	163,535.60 HKD 163.54%	84,782.80 HKD 84.78%	78,752.80 HKD 78.75%
Commission paid	0 HKD	0 HKD	0 HKD
Buy & hold return	+44,300.60 HKD +44.30%		
Max equity run-up	40,681.40 HKD 32.92%		
Max equity drawdown	27,726.20 HKD 25.99%		
Max contracts held	235	199	235

此外，當你早已 Pine Script 寫好一個策略後，也可以直接在「Strategy Tester」開啟這個策略來再做回測。但做回測時要留意一點，因為有些即市交易的策略，大家可能會要求運用不同 timeframe 的圖表，例如有些人愛用 1 分鐘圖，有些人則愛用 5 分鐘圖或 30 分鐘圖。

而 Trading View 其實十分方便，若你開啟的圖表是 1 分鐘圖，那麼做回測的時候你便是使用 1 分鐘圖的策略，其後若你把圖表改為 5 分鐘圖，回測的結果會立即不同，因為 Trading View 會立即將策略改為一個使用 5 分鐘圖的策略，並給你最新的回測結果。

因此，若你的策略只用了 1 個 timeframe，那麼在寫策略時其實不用把你要用甚麼 timeframe 寫出來，直接在圖表更改 timeframe 便有不同的回測結果。

另外，能用多少數據來做回測則要看你購買了哪一個版本。一般來說，Premium 版本筆者認為已足夠，例如，若你使用 5 分鐘圖的交易策略，而你又沒有指定要多長的數據來做回測，則 Trading View 大約會使用最近一年的數據來給你回測結果。

但若你需要指定回測的時間，則可以在「Strategy Tester」的右上角，選擇 Deep Backtesting，然後便可以自行選擇要回測的時間。例如你想看策略在 2022 年 1 月 1 日至 2022 年 12 月 31 日的回測結果，直接按 Deep Backtesting，然後在以下畫面中的輸入日期便可以。

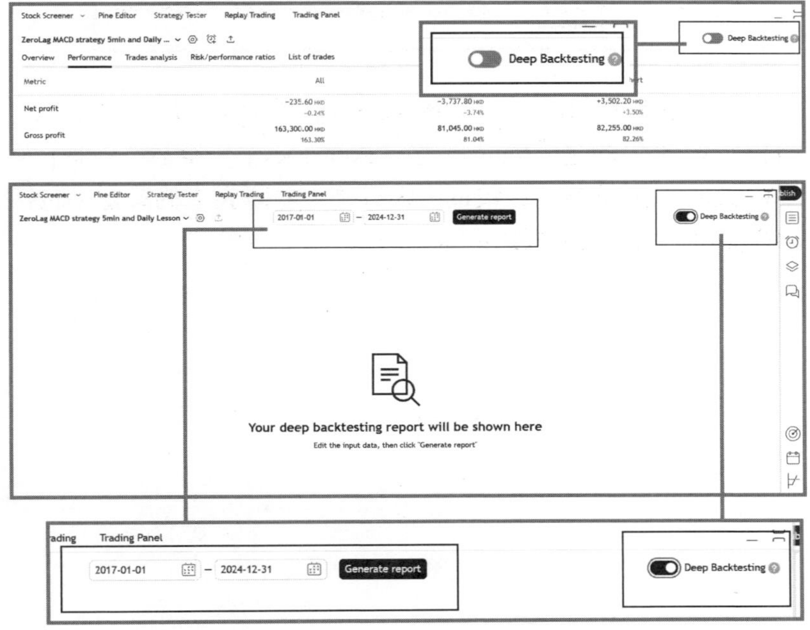

另外，在「Strategy Tester」的下方有一個像「齒輪」的按鈕，點擊後便可直接修改一些回測及圖表上顯示的設定。

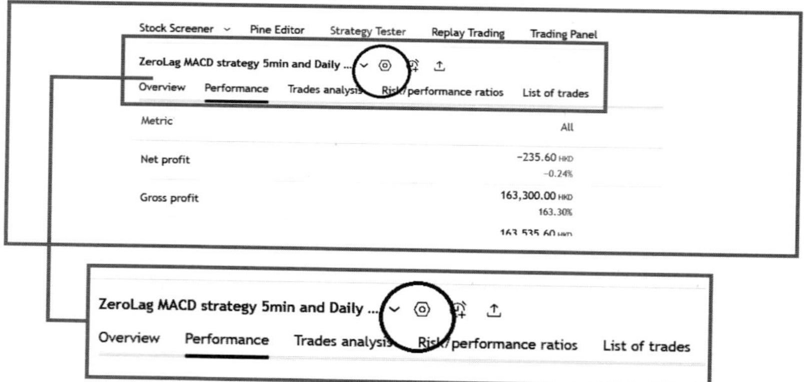

可以看到有「Inputs」、「Properties」、「Style」及「Visibility」，而經常會使用的是「Inputs」及「Properties」，至於「Style」及「Visibility」則重要性比較低，因只是一些圖表上的設定，包括線條顏色、比例及數據標示等。

筆者會主要給大家講解「Inputs」及「Properties」這兩個部分：

ZeroLag MACD strategy 5min and Daily Lesson ×

Inputs　Properties　Style　Visibility

SN	12
LP	26
M	9

Defaults　Cancel　Ok

「Inputs」是給大家修改策略中指標的參數，例如你的策略中使用了 MACD(12,26,9)，但你想看看若改為 MACD(5,35,5) 後，策略的回測結果有甚麼變化，那直接在這裡修改便可以。

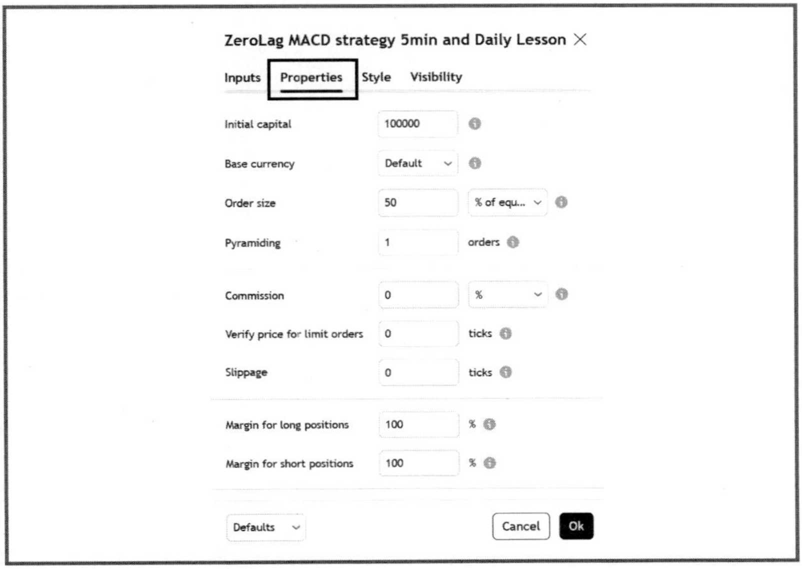

ZeroLag MACD strategy 5min and Daily Lesson ×

Inputs　Properties　Style　Visibility

Initial capital	100000	
Base currency	Default	
Order size	50	% of equ...
Pyramiding	1	orders
Commission	0	%
Verify price for limit orders	0	ticks
Slippage	0	ticks
Margin for long positions	100	%
Margin for short positions	100	%

Defaults　Cancel　Ok

而「Properties」則是最重要的，因為你在這裡可以設定運用多少「本金」去做回測、買賣差價是多少、需支付的佣金是多少、最高可使用孖展是多少。這些都是會影響你回測結果的設定。

一個交易策略的回測結果若未計及買賣差價及交易成本，那自然是不真實的。此外，本金多少也十分重要，例如你設定用 5 萬港元去交易，以及用 50 萬港元去交易，回測結果就會有分別，因為只用 5 萬港元，當你遇上連續虧損後，可能你的本金根本不足以再入市交易，但若用 50 萬港元，能繼續維持交易的「能力」就較高。此外，你也可以設定每次只有本金的多少百分比去交易，最終的回測結果也會不同。

另外，有些新手可能會擔心，若交易的是美股，是否只能以美元去計算？若交易港股又只能用港元計算？其實在「Base Currency」這部分你便可以設定用哪種貨幣來計算回測結果，若你設定了港元，即使你交易的是美股，回測結果也是以港元做單位。

不過，這些設定其實也可以預早在寫策略時便寫好的，在 Pine Editor 的部分當你選擇寫 Strategy 時，可以在最初便自行寫好所有設定的：Strategy（"ABC Strategy"，Currency=Currency,HKD）只要這樣寫，所有回測結果也會用港元計算。

如何用 TradingView 寫指定時間才交易的 Daytrade 策略

自開始在課程中教授 Trading View 後，最多新手會問及的問題就是如何去用 Pine Script 寫指定時間才交易的 Daytrade 策略。其實這個問題很多初學 Pine Script 的人都經常問，大家在網上也很容易找到有人在問這些問題。但奇怪的是，即使有人協助提供答案，但答案都各有不同，而且有很多都是錯的，也有部分是用 version 4 來寫策略，這就令很多人在網上找資源學習時更加混亂。

最常見的情況是，在 Pine editor 寫好後，雖然可以 compile，即沒有語法上的錯誤，但 Backtest 結果卻顯示沒有入市訊號。這種情況代表語法雖沒有錯，但寫策略的邏輯有錯，也就是語法的應用根本不對。

如這位便遇上以下情況：

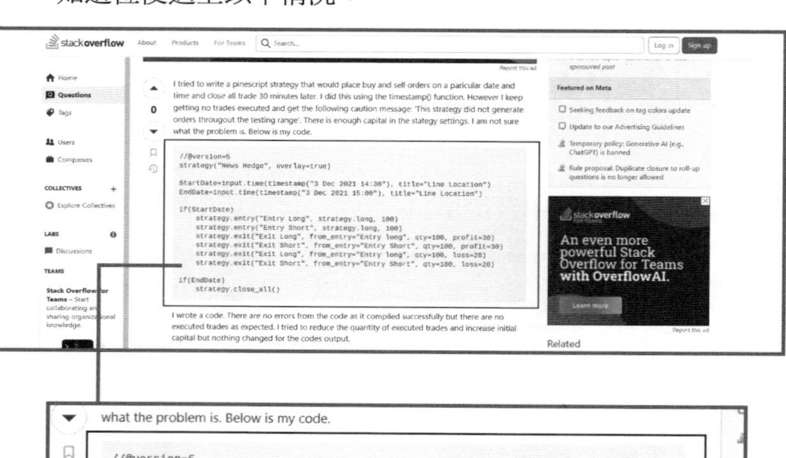

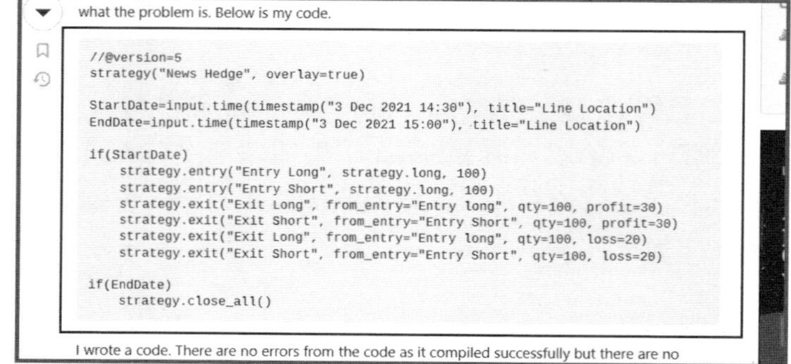


```
//@version=5
strategy("News Hedge", overlay=true)

StartDate=input.time(timestamp("3 Dec 2021 14:30"), title="Line Location")
EndDate=input.time(timestamp("3 Dec 2021 15:00"), title="Line Location")

if(StartDate)
    strategy.entry("Entry Long", strategy.long, 100)
    strategy.entry("Entry Short", strategy.long, 100)
    strategy.exit("Exit Long", from_entry="Entry long", qty=100, profit=30)
    strategy.exit("Exit Short", from_entry="Entry Short", qty=100, profit=30)
    strategy.exit("Exit Long", from_entry="Entry long", qty=100, loss=20)
    strategy.exit("Exit Short", from_entry="Entry Short", qty=100, loss=20)

if(EndDate)
    strategy.close_all()
```

有人就建議他可以改為 if(StartDate) == time，但改了後照樣沒有入市訊號，這代表仍然是錯的。

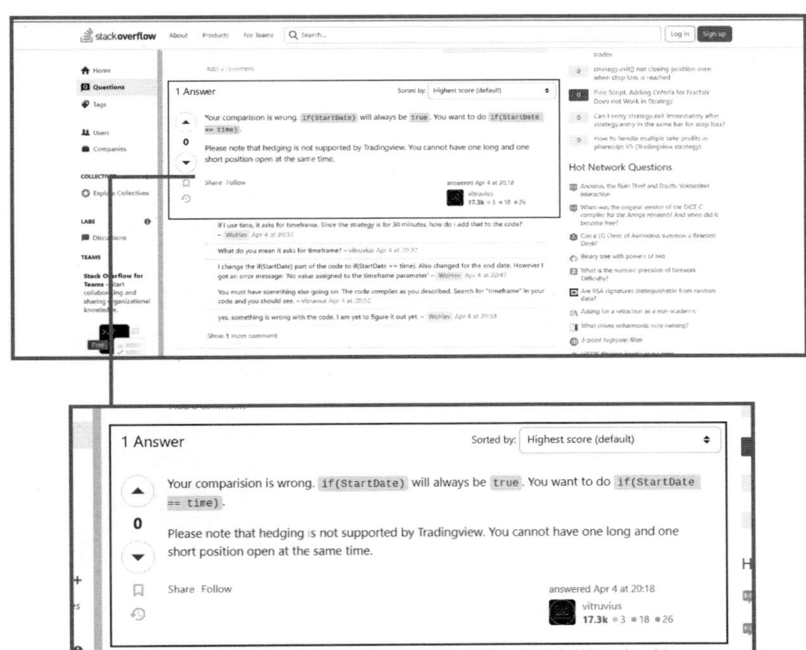

也有人想寫指定時間才交易的策略時用以下這種寫法：

運用 dayofweek, hour, minute，首先 dayofweek(time)= 代表要求只在星期幾做交易，星期日是 1，星期一是 2，若要在美股周四的下午時段做交易，就寫 dayofweek(time)==5。小時則指定在 12 點，所以用 hour(time)==12。

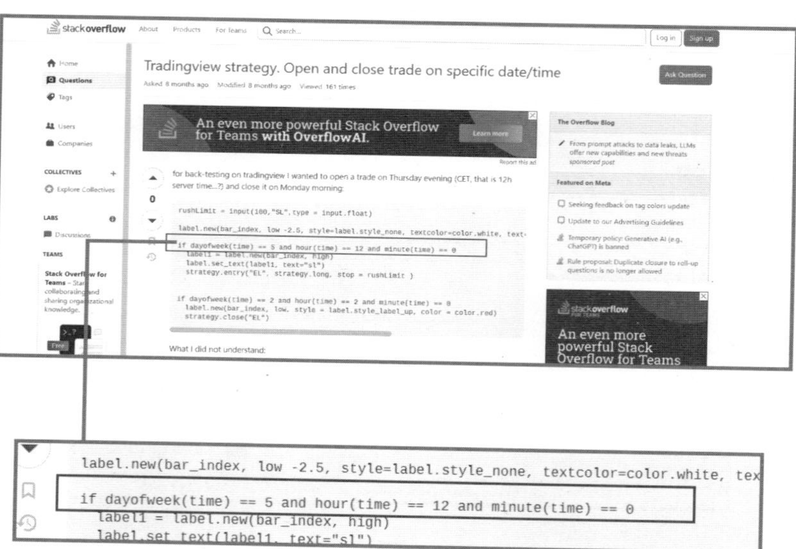

有學員用類似的方法曾寫了以下的例子：

他的策略是想每天只在 10:30 至 10:45 做交易，他用了 hour 及 minute 來設定入市時間。

```
//@version=5
strategy("My strategy", overlay=true, process_orders_on_close = true)
long_entry = hour(time)==10 and minute(time)>=30
long_entry2= hour(time)==10 and minute(time)<45
long_exit = hour(time)==10 and minute(time)>45
if (long_entry and long_entry2)
    strategy.entry("Long", strategy.long)
if (long_exit)
    strategy.close("Long")
```

寫好後要把 Trading View 的 timezone 改為 (UTC-5 Newyork)

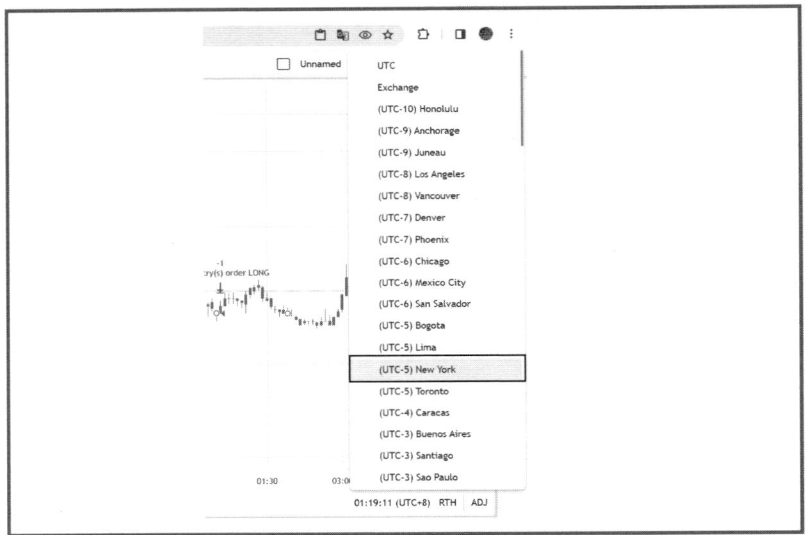

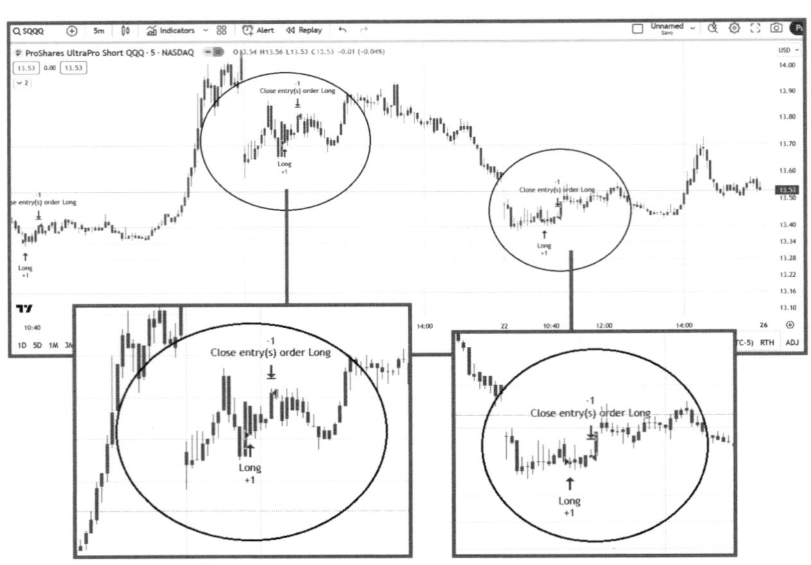

看到 Backtest 結果後，他覺得終於成功了，因為除了 Trading View 沒有顯示語法上的錯誤，也確實有入市訊號，而且在圖表上看到的入市訊號也與他要求的完全一樣。但大家可試試 copy 到 pine editor 中，會發現若把 hour(time)== 改為 11 便有問題了，若你想將策略改為 10:30 至 11:45 才交易，然後又再沒有入市訊號了，也代表了這種寫法根本寫不到想要的策略，因為寫法根本邏輯有錯。

正確要寫指定時間才交易的 Daytrade 策略，其實也很簡單，先要設定兩個變數，分別給 session hour 及 days，然後用 time 這個 function 去看時間是否符合你要求的時段才入市。

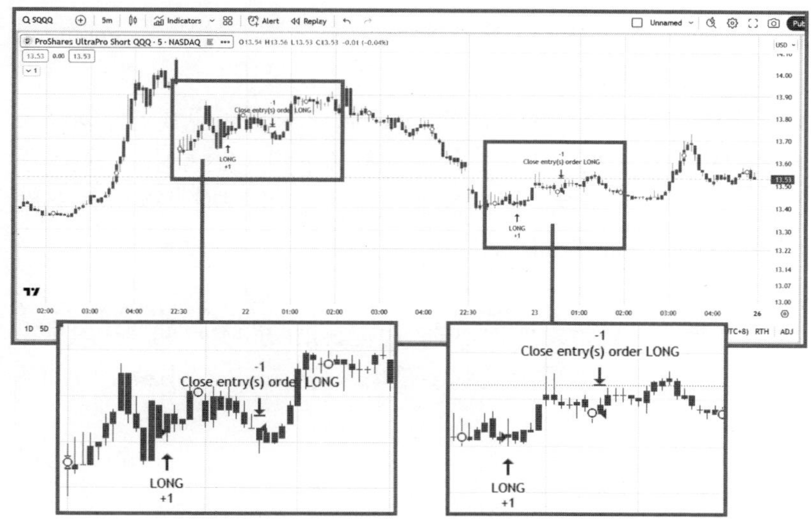

```
//@version=5
strategy("My strategy", overlay=true, margin_long=100, margin_short=100)
timeAllowed = input.session("1030-1130", "Allowed hours")
daysAllowed = input.string("23456")
timeIsAllowed = time(timeframe.period, timeAllowed + ":" + daysAllowed)
if timeIsAllowed
    strategy.entry("LONG",strategy.long)
if not timeIsAllowed
    strategy.close("LONG")
```

Time( ) 的用法是，( ) 中要有兩個參數，分別是 timeframe.period 代表當前圖表顯示的時間間隔，你是用 5 分鐘圖、1 分鐘圖，還是其他時間間隔。因為 Trading View 是可以在 5 分鐘圖上拿到日線圖的價格，也可以從 1 分鐘圖拿到 5 分鐘圖的訊號，不一定圖表顯示甚麼就只能用甚麼，若直接用圖表上所顯示的時間間隔，那就寫 timeframe.period。

然後另一個參數就是時間，而這裏把時間及日期連接成字符串，所以用了 ":"，再用這個字符串來作 Time() 之中特定時間的參數。

新手在學習 Pine Script 時可先記下以上的 sample，方便日後去寫類近的策略，日後要改指定時間的話，只要改 "1030-1130" 這部分便可以。

如何用 TradingView 自制不同的技術指標

上一篇文章教了如何寫只在特定時間交易的方法，而另外最多人問的就是一些主要的技術指標如何去寫。其實有很多的技術指標是 Trading View 內置的，如 MACD、Rate of Change、RSI 等指標，根本不用自行用 Pine Script 去寫。

不過，若你是新手，而且是初次接觸 Pine Script，筆者建議你可以自行試試先在網上找出一些常見技術指標的公式，然後試試用 Pine Script 自行寫出來。這個過程其實就是一個練習，讓你開始去熟習 Pine Script 的語法。

日後即使你遇到一些未見過的技術指標，只要你在 Google 找到指標的公式，也能自行寫出來。

例如，MACD 是內置的指標，第一步是記得 Trading View 的內置指標是要加上「ta.」的，寫法如下：

```
[macdLine,signalLine,_]=ta.macd(close,12,26,9)
```

再要把 MACD 的快線在圖表上顯示，就用 plot 這個功能，寫法如下：

```
plot(macdLine,title="MACDLINE",color=color.red,linewidth=1)
```

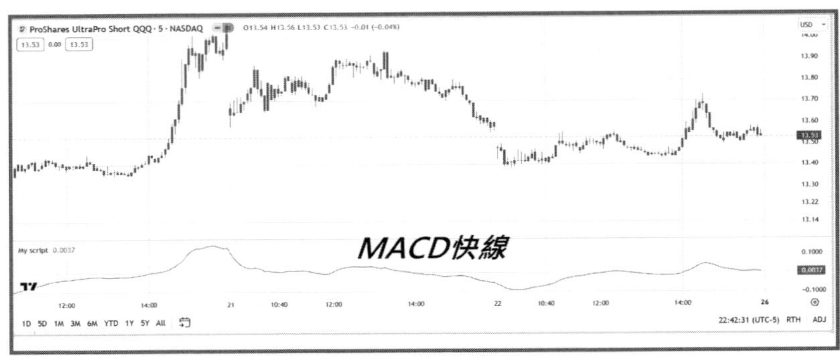

不過，有些指標可能並非內置的，又或即使是內置，但你習慣了自行寫出來。假設大家不懂得甚麼是 bollinger's band，然後在網上找到它的公式就是通道的頂部是 20 日平均線加上兩個標準差，而底部是 20 日平均線減去兩個標準差，那我們就可以自己寫出來。

例如平均線是 SMA，要寫出來就要加上「ta.」，先想一個名稱給你每個要計算的答案，甚麼名稱都可以，但名稱不可以用數字開頭。例如你想叫平均線的名稱做 SMA20，就用以下的寫法：

```
sma20=ta.sma(close,20)
```

然後又給標準差一個名稱，假設你叫它為 ST，那寫法如下：

```
st=ta.stdev(close,20)
```

然後再分別給通道的頂部及底部名稱，假設叫做 upper 及 lower

```
upper = sma20+ 2*st
lower = sma20 – 2*st
```

寫法就是這樣簡單，然後 upper 及 lower 就可以用作其他計算的部分。例如你的入市策略是最高價升穿 bollinger's band 達 5%，那寫法如下：

先給你的入市條件一個名稱，假設名為 buyCondition，也給 upper 高 5% 的情況一個名稱，假設是 upperhigh：

```
upperhigh=upper*1.05
buyCondition=ta.crossover(high,upperhigh)
```

此外，其他我們常見的技術指標如 RSI, ATR 等也是內置的，寫法同樣是先給它們一個名稱，例如你想叫它們做 rs 及 atrValue，寫法如下：

```
rs=ta.rsi(close,14)
atrValue=atr(14)
```

其他有些主要常用的技術指標也要自行計算的，如Stochastic，寫法如下：

```
//@version=5
indicator("stochastic")
stcLength=input(14)
periodK=input(3)
periodD=input(3)
fastSTC=ta.stoch(close,high,low,stcLength)
slowK=ta.sma(fastSTC,periodK)
slowD=ta.sma(slowK,periodD)
plot(slowK,title="slowK",color=color.red,linewidth=1)
plot(slowD,title="slowD",color=color.blue,linewidth=1)
```

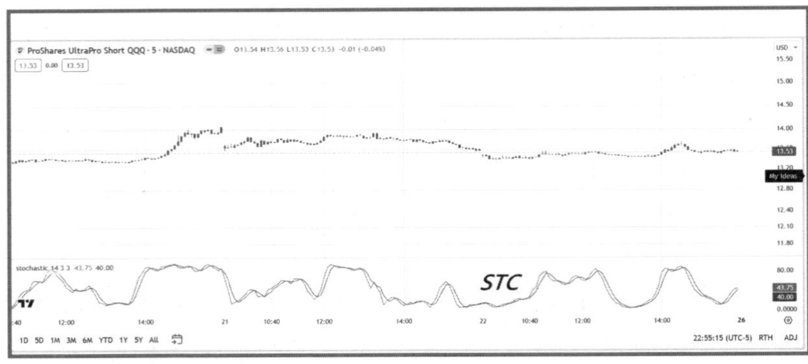

我們再試試寫 Rate of change 這個指標，先在網上找到它的公式如下：

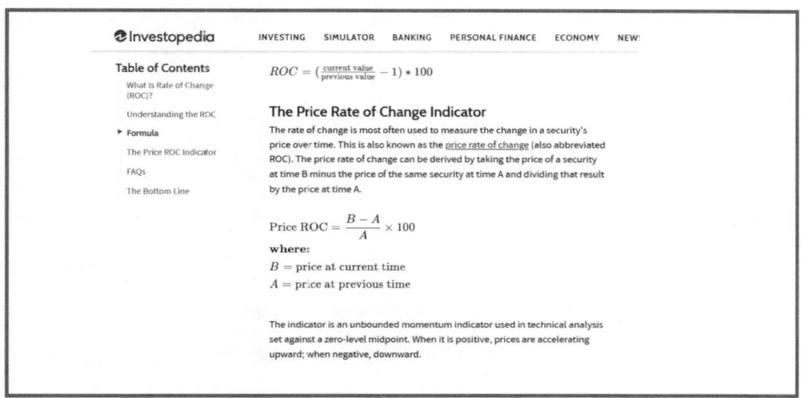

Investopedia　INVESTING　SIMULATOR　BANKING　PERSONAL FINANCE　ECONOMY　NEW

Table of Contents

- What is Rate of Change (ROC)?
- Understanding the ROC
- Formula
- The Price ROC Indicator
- FAQs
- The Bottom Line

$$ROC = \left(\frac{\text{current value}}{\text{previous value}} - 1\right) * 100$$

The Price Rate of Change Indicator

The rate of change is most often used to measure the change in a security's price over time. This is also known as the price rate of change (also abbreviated ROC). The price rate of change can be derived by taking the price of a security at time B minus the price of the same security at time A and dividing that result by the price at time A.

$$\text{Price ROC} = \frac{B - A}{A} \times 100$$

where:

B = price at current time

A = price at previous time

The indicator is an unbounded momentum indicator used in technical analysis set against a zero-level midpoint. When it is positive, prices are accelerating upward; when negative, downward.

然後大家可自行先用 Trading View 試試寫出來才看答案，若沒有寫錯，那寫指標這部分的學習便沒有問題了。

Rate of change 寫法答案：

```
length = input.int(9)
source = input(close)
roc_smooth = input(5)
roc = ta.sma((100 * (source - source[length])/source[length]),roc_smooth)
```

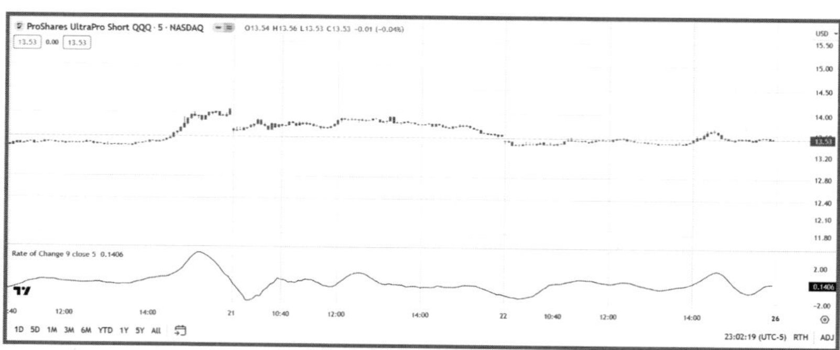

最後我們看看 superTrend 這個指標的寫法，有些時候我們希望指標的參數是可以寫好後直接在圖表上更改的，又或有幾個指標的參數也是一樣的，我們會重複使用，那就先給參數一個名稱，例如叫做 length，可以參考以下 superTrend 這個指標的寫法：

```
//@version=5
indicator("SuperTrend", overlay=true)
length = (10)
multiplier = (3)
atr = ta.atr(1)
basis = ta.highest(high, length) + ta.lowest(low, length)
basis := basis / 2
upperBand = basis + (multiplier * atr)
lowerBand = basis - (multiplier * atr)
trendUp = close > upperBand[1] ? true : close[1] > upperBand[1] ?
true : false
trendDown = close < lowerBand[1] ? true : close[1] <
lowerBand[1] ? true : false
plot(trendUp ? upperBand : lowerBand, color=color.blue,
linewidth=2, title="SuperTrend")
```

這裡用了「? :」這種寫法，? 前是條件，? 後是若符合條件要怎樣，而 : 後則是若不符合條件要怎樣。若大家看其他 Trading View 用家寫的策略，這是十分常見的寫法。

```
trendDown = close < lowerBand[1] ? true : close[1] <
lowerBand[1] ? true : false
```

這個的意思就是 trendDown 是名稱，然後看看收市價是否小於上一支陰陽燭的 supertrend 的底部，若符合條件就是 true，否則就再看看上一支陰陽燭的收市價是否低於上一支陰陽燭的 supertrend 的底部，若符合條件也是 true，但兩個條件都不符合就是 false。

如何用 TradingView 寫運用多種時間間隔的策略

如何用 Trading View 寫運用多種時間間隔的策略也是最多人會問的問題之一，因為很多人都會喜歡多種時間間隔的策略，例如同時運用 5 分鐘圖及 1 分鐘圖表，又或同時用小時圖與 5 分鐘圖表等。

要寫這樣的策略，就要用上 request.security 這個 function，用法例如如下：

```
[macdLine,signalLine,_]=ta.macd(close,12,26,9)
signal5min=request.security(syminfo.tickerid,"5",signalLine)
macdhourly=request.security(syminfo.tickerid,"60",macdLine)
```

request.security 的 ( ) 內要寫上的有三個部分，包括「要取哪一個 symbol 的資料」、「要甚麼時間間隔」以及「要取哪一個數據」。

「要取哪一個 symbol 的資料」這個部分若填上 syminfo.tickerid，就是要取目前你在 Trading View 畫面上顯示的數據。例如你圖表上是在看 Apple（US:AAPL），若填上 syminfo.tickerid 就會取 Apple（US:AAPL）的數據。

但大家可能會覺得奇怪，為甚麼要多填一次，本身不就是想要 Apple 不同時間間隔的數據嗎？因為 request.security 除了可以拿取不同時間間隔圖表的數據外，也可以拿取不同 symbol 的數據。例如你想看蔚來（US:NIO）的走勢來炒 Tesla（US:TSLA），你在這個部分便不能再寫上 syminfo.tickerid，你要在主圖上開啟 Tesla 的圖表，然後在 request.security 的（）填上蔚來的 symbol，那就可以寫到看蔚來的數據炒 Tesla 的策略。

而「要甚麼時間間隔」就很簡單，就是要取甚麼時間間隔的數據，若只寫數字就是代表多少分鐘，例如 "5" 就代表 5 分鐘，"60" 就代表 60 分鐘，"D" 則代表日線圖的數據，"W" 則代表周線圖的數據。

例如你本身的策略是運用 1 分鐘圖表的，就在主圖表上開啟 1 分鐘圖，然後加上這句：

```
dailyhigh=request.security(syminfo.tickerid,"D",high[1])
```

這樣就可以拿到上一個交易日裡日線圖的最高價，dailyhigh 是自己給的名稱，方便大家在計算時再使用。例如你再寫 dailyhigh> dailyhigh[1]，就代表你的策略中要求上一個交易日的最高價比再上一日的最高價更高。

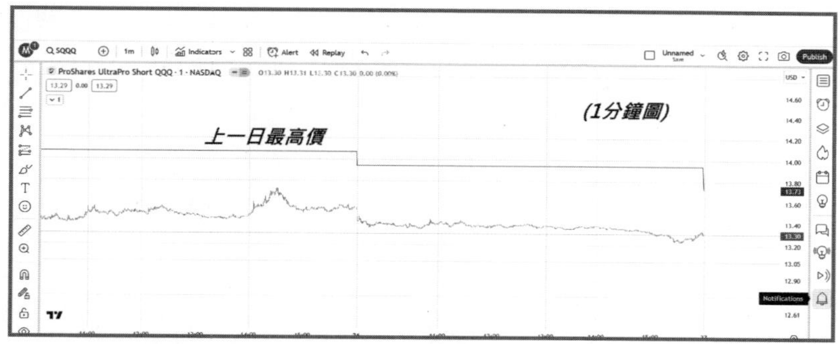

留意，本身 dailyhigh 這個數據要自行設定是取「上一個交易日」的最高價，若在這個名稱再加上 [1]，便是由上一個交易日開始再倒數一個交易日。

最後是 request.security 的 ( ) 內「要取哪一個數據」的部分，這部分不一定只能使用最高價、最低價、開市價、收市價等數據，也可以是不同指標的數據，甚至是你自行經過計算的答案。

假設你在主圖表上開啟一個 1 分鐘圖表，你的策略也包括了 MACD 的運用，先用 [macdLine,signalLine,_]=ta.macd(close,12,26,9) 定義了 MACD 的快線及慢線為 macdLine 及 signalLine。

```
signal5min=request.security(syminfo.tickerid,"5",signalLine)
macdhourly=request.security(syminfo.tickerid,"60",macdLine)
```

然後我們把 5 分鐘 MACD 慢線的數據及小時圖 MACD 快線的數據命名為 signal5min 及 macdhourly，然後用上 request.security，在 () 內分別填上 signalLine 及 macdLine 便可以。

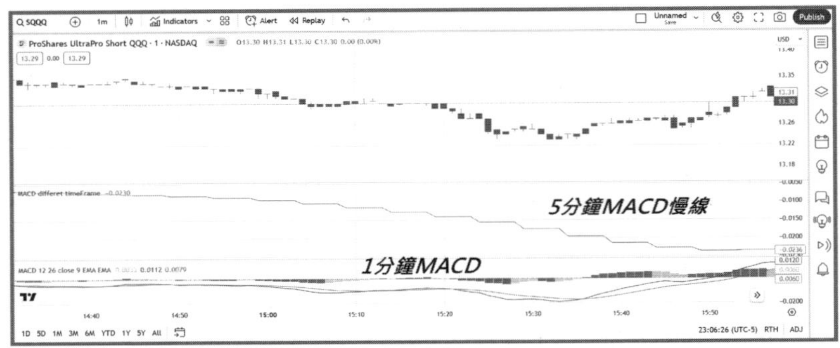

再加上 plot 便可以把 5 分鐘 MACD 慢線的數據畫出來，然後加一個 1 分鐘的 MACD 便能將兩者作比較。

另外，筆者發現很多新手都比較抗拒使用 plot 這個功能，大家都會只集中去留意 Backtest 的結果，而且有了 Backtest 的結果後圖表上根本便有入市訊號的位置，那大家自然會想，若不是要寫一個自己的技術指標，那 plot 這個功能實沒多大用處。

但筆者的習慣是，每次寫自己的交易策略時，每寫一部分都會先用 plot 來看看寫出來的是否真的是自己想要的。因為用程式語言去寫交易策略，與大家用目測是完全不同的，很多時候用程式寫出來的未必就是你想要的。你的交易策略可以很複雜，到你寫好後再做 Backtest，才發現根本不是你想要的，那再重寫就反而會更麻煩。

如何用 TradingView 寫每天只交易一次的策略

最記得以前有學員曾說過，他過去試過很多的交易策略，最後在實戰時的成績都不太好，然後「嬲嬲地」就每天只看到 MACD 的第一個訊號便入市，開市後見 MACD 的快線升穿慢線便買入，相反，若 MACD 的快線跌穿慢線便造淡，然後見 MACD 的快線繼續上升便平好倉，造淡時則見 MACD 的快線繼續下跌就平淡倉，就是這樣簡單！但效果反而比很多複雜的策略更好。

這個只是他的意見，最後成績如何他沒有告訴我，但筆者自己研究過很多的 Daytrade 策略也都是每天只交易一次的。因為交易次數太多，交易成本就會增加，而且長時間交易會覺得更亂，特別是遇上連續虧損的時候，而每天只交易一次，就是讓自己有足夠時間冷靜下來。

不過，若要用 Pine Script 寫這類每天只交易一次的策略，又應怎樣寫？

TradingView

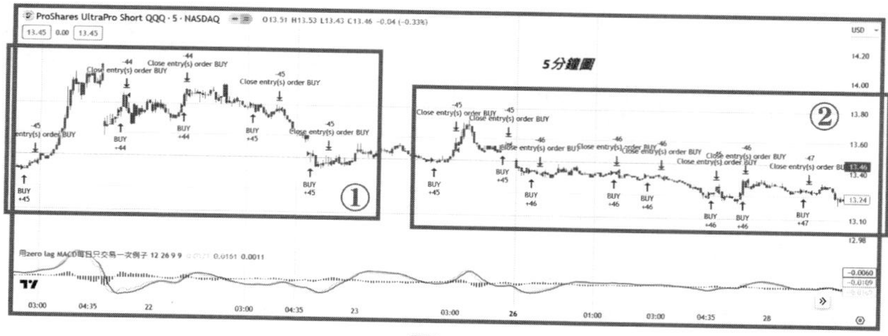
ProShares UltraPro Short QQQ · 5 · NASDAQ
O13.51 H13.53 L13.43 C13.46 −0.04 (−0.33%)
5分鐘圖
①
②
用zero lag MACD每日只交易一次例子 12 26 9 9
03:00
04:35
22
23
26
01:00
28

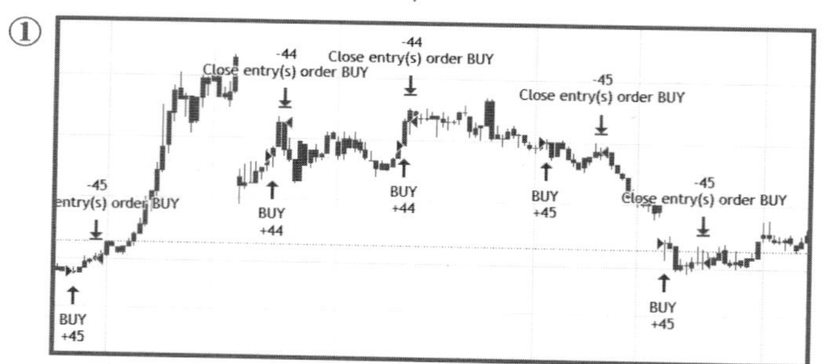
①
-44
Close entry(s) order BUY
-45
BUY
+45
BUY
+44
BUY
+45

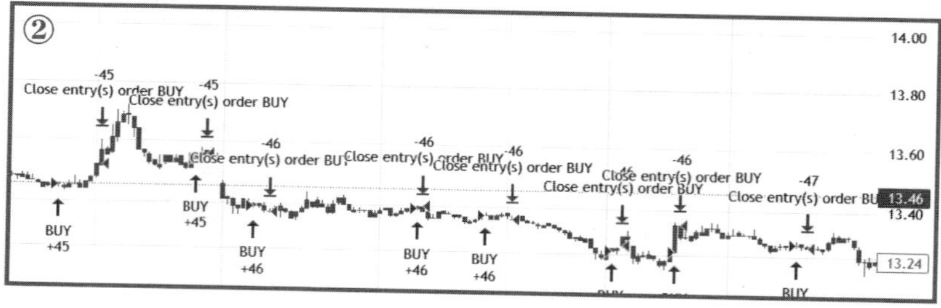
②
-45
Close entry(s) order BUY
-46
-47
BUY
+45
+46
14.00
13.80
13.60
13.46
13.40
13.24

以下是一個很簡單運用 Zero Lag MACD 的交易策略，就是快線升穿慢線便買入，當買入後看到連續三支陰陽燭的時間內 MACD 的快線都在上升，那就平倉離場。

```
// This Pine Script™ code is subject to the terms of the Mozilla Public License 2.0 at https://mozilla.org/MPL/2.0/
// © markchunwaipaul
//@version=5
strategy("zero lag MACD 交易例子 ", margin_long=100, margin_short=100, initial_capital =1000,default_qty_type = strategy.percent_of_equity,default_qty_value = 100)
SN=input(12)
LP=input(26)
M=input(9)
ema1=ta.ema(close,SN)
ema2=ta.ema(ema1,SN)
ema3=ta.ema(close,LP)
ema4=ta.ema(ema3,LP)
ZerolagMACDLine=(2ema1-ema2)-(2ema3-ema4)
ema5=ta.ema(ZerolagMACDLine,M)
ema6=ta.ema(ema5,M)
ZerolagSignalLine=2*ema5-ema6
Histogram=ZerolagMACDLine-ZerolagSignalLine
var bool traded =false
closeCond=ta.rising(ZerolagMACDLine,3)
noposition=strategy.position_size==0 buyCond=ta.crossover(ZerolagMACDLine,ZerolagSignalLine)
```

```
if buyCond and noposition
    strategy.entry("BUY",strategy.long)
if closeCond and not noposition
    strategy.close("BUY")
plot(ZerolagMACDLine,title="MACDLine",color=color.yellow,linewidth=2) plot(ZerolagSignalLine,title="SignalLine",color=color.green,linewidth=2) plot(Histogram, color=color.black, style=plot.style_histogram,linewidth=2)
```

以上策略的 Backtest Report：

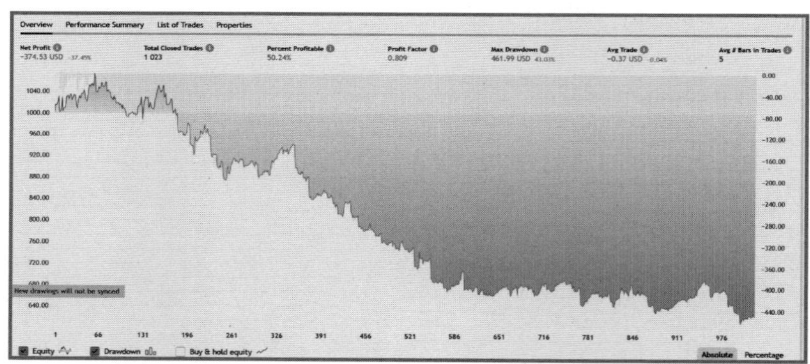

Overview | Performance Summary | List of Trades | Properties

Title	All	Long	Short
Net Profit	-374.53 USD -37.45%	-374.53 USD -37.45%	0.00 USD 0%
Gross Profit	1 584.59 USD 158.46%	1 584.59 USD 158.46%	0.00 USD 0%
Gross Loss	1 959.12 USD 195.91%	1 959.12 USD 195.91%	0.00 USD 0%
Max Run-up	84.51 USD 8.86%		
Max Drawdown	461.99 USD 43.03%		
Buy & Hold Return	-710.10 USD -71.01%		
Sharpe Ratio	-0.773		
Sortino Ratio	-0.632		
Profit Factor	0.809	0.809	N/A
Max Contracts Held	47	47	0
Open PL	0.00 USD 0%		
Commission Paid	0.00 USD	0.00 USD	0.00 USD
Total Closed Trades	1 023	1 023	0
Total Open Trades	0	0	0

Help Center

Overview | Performance Summary | List of Trades | Properties

Title	All	Long	Short
Sharpe Ratio	-0.773		
Sortino Ratio	-0.632		
Profit Factor	0.809	0.809	N/A
Max Contracts Held	47	47	0
Open PL	0.00 USD 0%		
Commission Paid	0.00 USD	0.00 USD	0.00 USD
Total Closed Trades	1 023	1 023	0
Total Open Trades	0	0	0
Number Winning Trades	514	514	0
Number Losing Trades	441	441	0
Percent Profitable	50.24%	50.24%	N/A
Avg Trade	-0.37 USD -0.04%	-0.37 USD -0.04%	N/A
Avg Winning Trade	3.08 USD 0.39%	3.08 USD 0.39%	N/A
Avg Losing Trade	4.44 USD 0.55%	4.44 USD 0.55%	N/A
Ratio Avg Win / Avg Loss	0.694	0.694	N/A

Help Center

Commission Paid	0.00 USD
Total Closed Trades	1 023
Total Open Trades	0
Number Winning Trades	514
Number Losing Trades	441
Percent Profitable	50.24%

可以看到這樣寫每天的交易次數肯定不只一次，交易了 1,023 次，獲利交易只有 514 次，勝率約 50.24%，一年的虧損約 37.45%。

另以下是同一個策略但每日只交易一次的寫法：

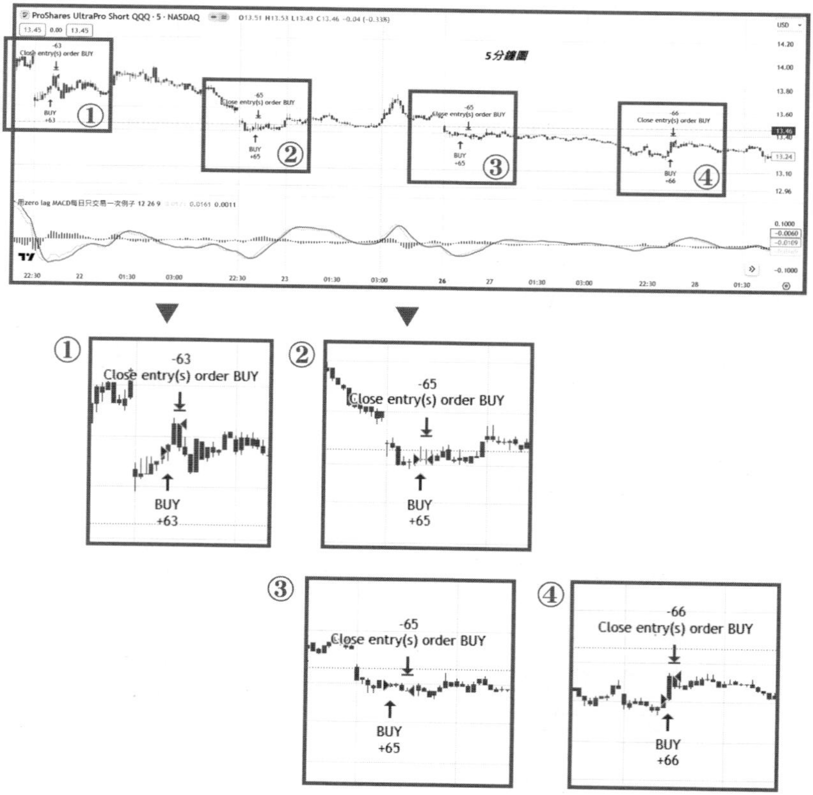

// This Pine Script™ code is subject to the terms of the Mozilla Public License 2.0 at https://mozilla.org/MPL/2.0/

// © markchunwaipaul

//@version=5

strategy(" 用 zero lag MACD 每日只交易一次例子 ", margin_long=100, margin_short=100, initial_capital =1000,default_qty_type = strategy.percent_of_equity,default_qty_value = 100)

SN=input(12)

LP=input(26)

M=input(9)

ema1=ta.ema(close,SN)

ema2=ta.ema(ema1,SN)

ema3=ta.ema(close,LP)

ema4=ta.ema(ema3,LP)

ZerolagMACDLine=(2ema1-ema2)-(2ema3-ema4)

ema5=ta.ema(ZerolagMACDLine,M) ema6=ta.ema(ema5,M)

ZerolagSignalLine=2*ema5-ema6

Histogram=ZerolagMACDLine-ZerolagSignalLine

var bool traded =false

closeCond=ta.rising(ZerolagMACDLine,3) noposition=strategy.position_size==0 buyCond=ta.crossover(ZerolagMACDLine,ZerolagSignalLine)

if buyCond and not traded and noposition

  strategy.entry("BUY",strategy.long)

  traded:=true

if closeCond and not noposition

  strategy.close("BUY")

```
if ta.change(time("D"))!=0
    traded:=false
plot(ZerolagMACDLine,title="MACDLine",color=color.yellow,linewidth=2) plot(ZerolagSignalLine,title="SignalLine",color=color.green,linewidth=2)
plot(Histogram, color=color.black, style=plot.style_histogram,linewidth=2)
```

留意黑體的部分就是加上後令策略變成「每天只交易一次」。

先設定 traded 為 false，然後當買入後便設定為 true，由於入市條件加上了 not traded，代表要 traded 必需為 false 時才會入市，這樣交易一次後就不會再交易。最後加上 ta.change(time("D"))!=0，代表要轉為第二個交易日，traded 才會再轉變為 false，然後第二日當 ZerolagMACD 的快線升穿慢線時就會符合入市條件。

策略的 Backtest Report：

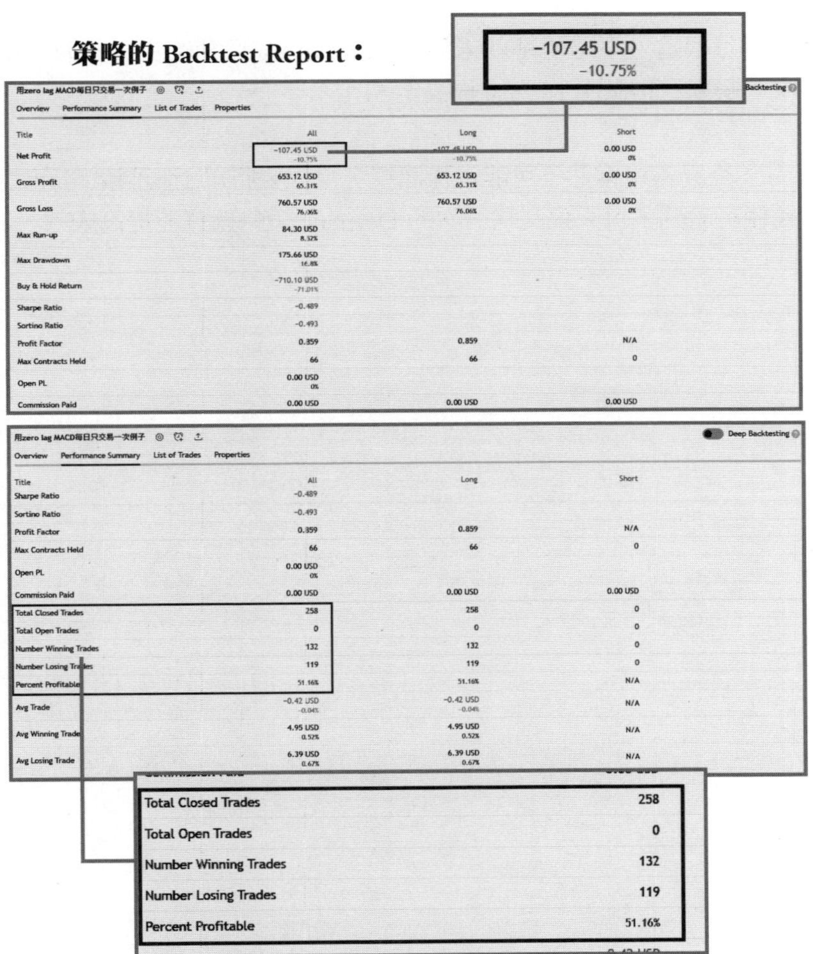

-107.45 USD
-10.75%

用zero lag MACD每日只交易一次例子

Overview | Performance Summary | List of Trades | Properties

Title	All	Long	Short
Net Profit	-107.45 USD -10.75%	-107.45 USD -10.75%	0.00 USD 0%
Gross Profit	653.12 USD 65.31%	653.12 USD 65.31%	0.00 USD 0%
Gross Loss	760.57 USD 76.06%	760.57 USD 76.06%	0.00 USD 0%
Max Run-up	84.30 USD 8.52%		
Max Drawdown	175.66 USD 16.8%		
Buy & Hold Return	-710.10 USD -71.01%		
Sharpe Ratio	-0.489		
Sortino Ratio	-0.493		
Profit Factor	0.359	0.859	N/A
Max Contracts Held	66	66	0
Open PL	0.00 USD 0%		
Commission Paid	0.00 USD	0.00 USD	0.00 USD

用zero lag MACD每日只交易一次例子

Overview | Performance Summary | List of Trades | Properties

Deep Backtesting

Title	All	Long	Short
Sharpe Ratio	-0.489		
Sortino Ratio	-0.493		
Profit Factor	0.359	0.859	N/A
Max Contracts Held	66	66	0
Open PL	0.00 USD 0%		
Commission Paid	0.00 USD	0.00 USD	0.00 USD
Total Closed Trades	258	258	0
Total Open Trades	0	0	0
Number Winning Trades	132	132	0
Number Losing Trades	119	119	0
Percent Profitable	51.16%	51.16%	N/A
Avg Trade	-0.42 USD -0.04%	-0.42 USD -0.04%	N/A
Avg Winning Trade	4.95 USD 0.52%	4.95 USD 0.52%	N/A
Avg Losing Trade	6.39 USD 0.67%	6.39 USD 0.67%	N/A

Total Closed Trades	258
Total Open Trades	0
Number Winning Trades	132
Number Losing Trades	119
Percent Profitable	51.16%

同一樣的交易策略，只是將其改變為「每天只交易一次」，可以看到結果也是虧損，不過，虧損幅度卻由 37.45% 大幅下降至 10.75%。另外要留意，筆者寫這兩個策略是沒有計算「佣金」及「滑價」的，而第一個策略在一年裡交易了 1,023 次，但加上「每天只交易一次」這個條件後，一年裡只交易了 258 次，交易成本

會相差很遠。不過勝率就未見有大幅改善，獲利的次數只有 132 次，勝率只輕微由 50.24% 提高至 51.16%。

交易策略當然不可能這樣簡單，但只要將以上兩個策略作比較便可看到，每天只交易一次的 Daytrade 策略確實能提高成效。

Pine Script 中設定止賺止蝕的方法

關於 Pine Script 中 profit、loss、limit 及 stop 的使用向來是比較多人問的問題，這兩天會詳細給大家講解，並教大家如何寫追踪止賺及止蝕的方法，這部分在設計 Daytrade 策略時也十分重要。

首先，大家可看以下例子，用 strategy.exit 來寫平倉準則，取代初期常用的 strategy.close，但若要用 strategy.exit，當中必需至少有一個 profit、loss、limit 或 stop 的準則包括在內，否則會被視為錯誤語法。

Profit 及 Loss 是最簡單的，直接寫上數字就代表了幾多格止賺及止蝕，profit 代表止賺，loss 代表止蝕。

```
//@version=5
strategy(title="Limit order exits1")
rsiValue = ta.rsi(hlcc4, 4)
hline(20, title="Oversold")
hline(80, title="Overbought")
if ta.crossover(rsiValue, 20)
    strategy.entry("Enter Long", strategy.long)
    strategy.exit("Exit Long", from_entry="Enter Long", profit=500, loss=300)
if ta.crossunder(rsiValue, 80)
```

```
strategy.entry("Enter Short", strategy.short)
strategy.exit("Exit Short", from_entry="Enter Short", profit=500, loss=300)
```

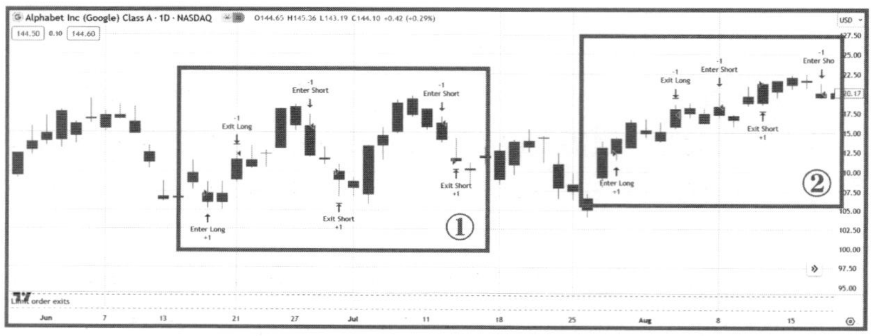

▼

①

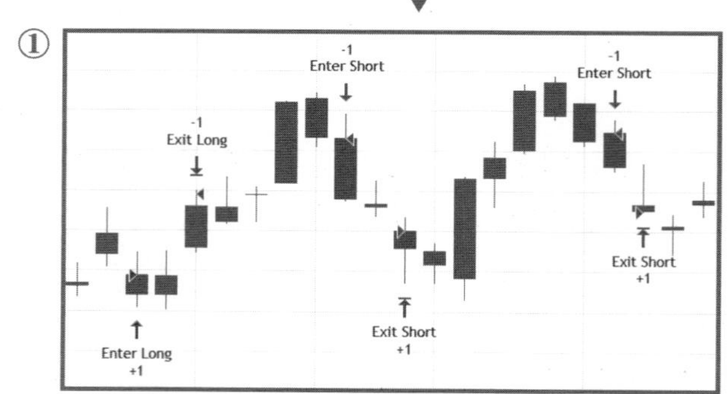

②

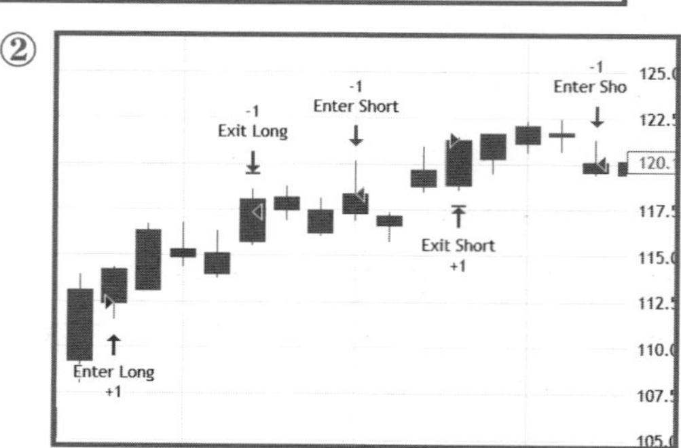

但真正交易時比較常用的是 limit 及 stop，若同時寫上 profit、loss、limit 及 stop 四個平倉準則，也會變成只執行 limit 及 stop 的。

```
//@version=5
strategy(title="Limit order exits2")
rsiValue = ta.rsi(hlcc4, 4)
hline(20, title="Oversold")
hline(80, title="Overbought")
if ta.crossover(rsiValue, 20)
    strategy.entry("Enter Long", strategy.long)
    strategy.exit("Exit Long", from_entry="Enter Long",
limit=high*1.03)
if ta.crossunder(rsiValue, 80)
    strategy.entry("Enter Short", strategy.short)
    strategy.exit("Exit Short", from_entry="Enter Short",
limit=low * 0.97)
```

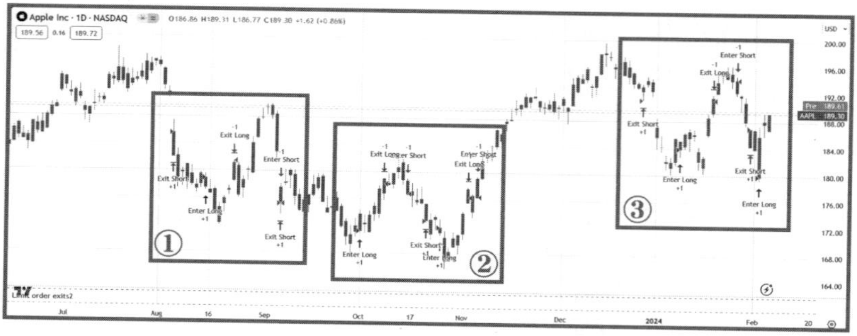
Apple Inc · 1D · NASDAQ
O186.86 H189.31 L186.77 C189.30 +1.62 (+0.86%)
189.56 0.16 189.72
Exit Short +1
Enter Long +1
-1 Exit Long
-1 Enter Short
Exit Short +1
Exit Long
Enter Short
Enter Long +1
Exit Short
Enter Long +1
Enter Short
Exit Long
-1 Enter Short
-1 Exit Long
Exit Short +1
Enter Long +1
Exit Short +1
Enter Long +1
Limit order exits2
USD
200.00
196.00
192.00
Pre 189.61
AAPL 189.30
188.00
184.00
180.00
176.00
172.00
168.00
164.00
Jul
Aug
16
Sep
Oct
17
Nov
Dec
2024
Feb
20

①

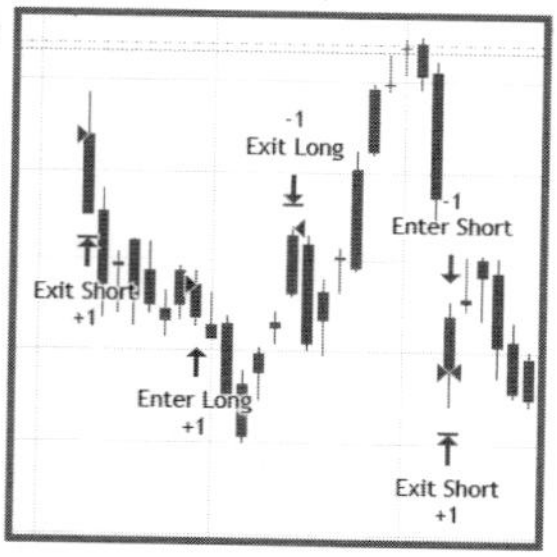
-1
Exit Long
-1
Enter Short
Exit Short
+1
Enter Long
+1
Exit Short
+1

②

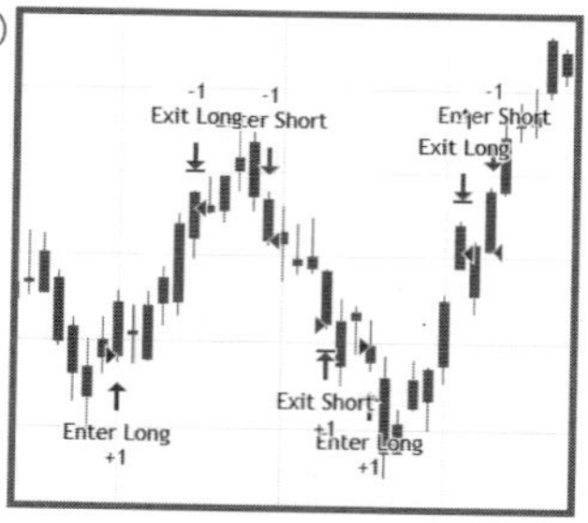
-1
Exit Long
-1
Enter Short
-1
Enter Short
Exit Long
Enter Long
+1
Exit Short
+1
Enter Long
+1

③

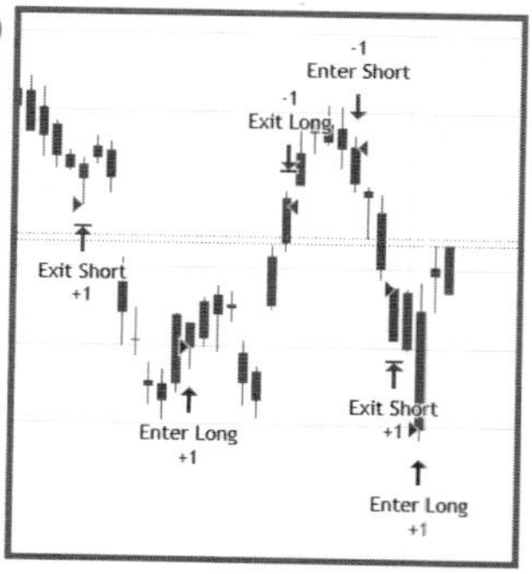
-1
Enter Short
-1
Exit Long
Exit Short
+1
Enter Long
+1
Exit Short
+1
Enter Long
+1

而 limit 及 stop 是最多人感到混亂的，例如以上例子中平好倉的準則是最高價 x 1.03，那最高價會不斷改變嗎？

這個肯定不會的！所謂的最高價是符合了 RSI 由 20 以下升至 20 以上這個條件時的最高價。大家可以試想一下，真實交易時只要符合這個條件你會落一個買盤，然後同時落一個限價盤設定止賺水平，這時候你落的盤已掛到市場中，自然不可能看到最高價改變後又再更改。若要更改可以！這是追踪止賺的寫法，但用 limit 的寫法就代表了買入準則符合時的最高價。

但大家可能會問，若我用以下的寫法又好像有點不同，例如：

```
//@version=5
strategy(title="Limit order exits2")
rsiValue = ta.rsi(hlcc4, 4)
hline(20, title="Oversold")
hline(80, title="Overbought")
ema10=ta.ema(close,20)
if ta.crossover(rsiValue, 20)
    strategy.entry("Enter Long", strategy.long)
    strategy.exit("Exit Long", from_entry="Enter Long",
limit=ema10)
if ta.crossunder(rsiValue, 80)
    strategy.entry("Enter Short", strategy.short)
    strategy.exit("Exit Short", from_entry="Enter Short",
limit=ema10)
```

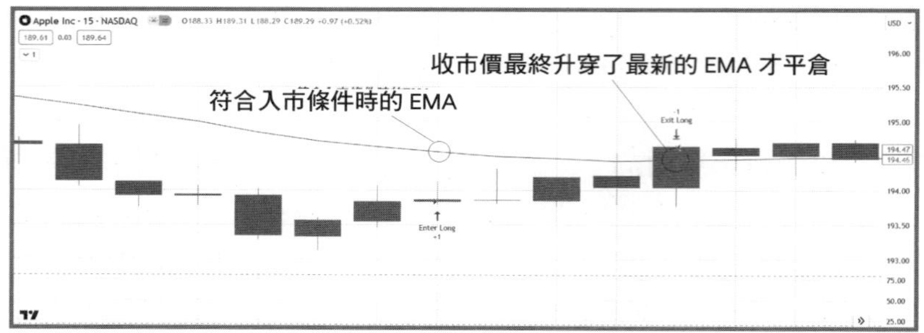

用了 ema 來設定止賺水平，這時候又會發現，程式並非以符合 RSI 由 20 以下升至 20 以上這個入市條件時的 ema 作止賺，ema 確實跟隨價格會改變的。最終會看到收市價升穿了最新的 ema 才會平倉，而非升穿了入市時的 ema 水平便平倉。

不過，若改成以下這樣，造好時 ema + 10「格」止賺，造淡時 ema - 10「格」止賺。大家可以看看以下例子及圖表：

```
//@version=5
strategy(title="Limit order exits2")
rsiValue = ta.rsi(hlcc4, 4)
hline(20, title="Oversold")
hline(80, title="Overbought")
ema10=ta.ema(close,20)
if ta.crossover(rsiValue, 20)
    strategy.entry("Enter Long", strategy.long)
    strategy.exit("Exit Long", from_entry="Enter Long", limit=ema10+ syminfo.mintick * 10)
if ta.crossunder(rsiValue, 80)
```

strategy.entry("Enter Short",

strategy.short) strategy.exit("Exit Short", from_entry="Enter Short",

limit=ema10-syminfo.mintick * 10)

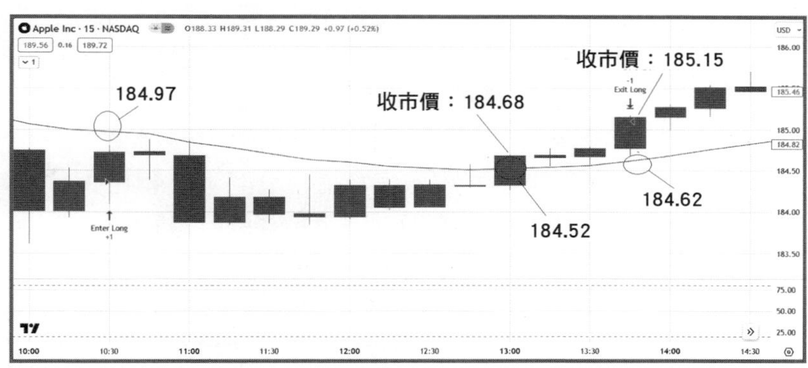

符合入市條件時，ema 的數值為 184.97 美元。假設平倉準則會隨著 ema 的數值改變而改變的話，理論上當 ema 的數值為 184.52 美元時，當時該支 Bar 的收市價已達到 184.68 美元，比 ema 高出了 10「格」以上，應該當時便平倉。

但實際平倉的時間是相隔了 3 支 Bar 之後，當時該支 Bar 的收市價為 185.15 美元，比符合入市條件時 ema 數值 184.97 美元高出 10「格」才平倉。代表了這個例子中，是根據符合入市條件時的 ema 數值來當作平倉的準則，與上一個例子完全不同。

簡單來說，只要在 limit 及 stop 的設定上加上了一些其他的計算，那 Pine Script 便會用符合入市條件時的數值來計算，但若沒有任何額外的計算，則會根據指標的數值變化改變平倉條件。

Pine Script 如何寫只造好或只造淡的交易策略

有一個問題也是經常有學員問到的，若想寫一個只造好，或只造淡的交易策略應怎樣寫？其實 Pine editor 的 Backtest reports 已將造好交易及造淡交易分開列明盈虧的，故此若只是想做 Backtest 根本便沒有需要將造好及造淡分開，一般在 Backtest report 中已可看到造好的成效較好，還是造淡的回報較佳。

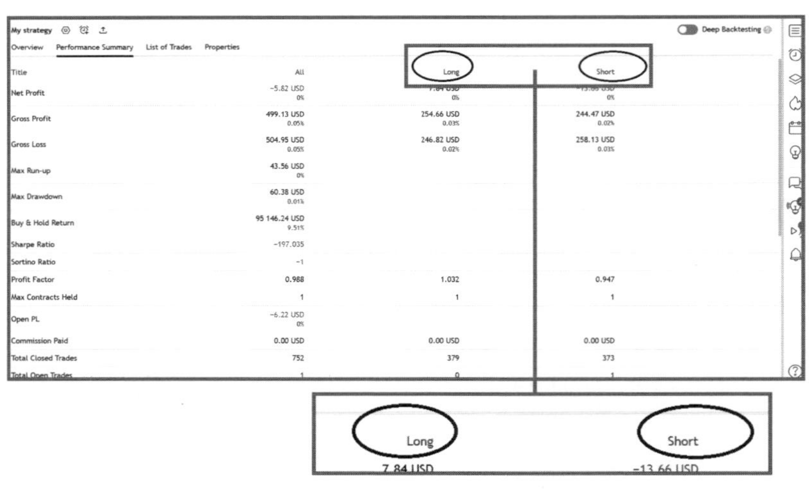

Title	All	Long	Short
Net Profit	−5.82 USD 0%	[illegible] 0%	[illegible] 0%
Gross Profit	499.13 USD 0.05%	254.66 USD 0.03%	244.47 USD 0.02%
Gross Loss	504.95 USD 0.05%	246.82 USD 0.02%	258.13 USD 0.03%
Max Run-up	43.56 USD 0%		
Max Drawdown	60.38 USD 0.01%		
Buy & Hold Return	95 146.24 USD 9.51%		
Sharpe Ratio	−197.035		
Sortino Ratio	−1		
Profit Factor	0.988	1.032	0.947
Max Contracts Held	1	1	1
Open PL	−6.22 USD 0%		
Commission Paid	0.00 USD	0.00 USD	0.00 USD
Total Closed Trades	752	379	373
Total Open Trades	1	0	1

事實上，真實交易時也真的很少會見到有人突然只想造好，突然又只想造淡。不過，可能會有些學員設計一些交易策略是專門只造淡的，因為跌市會比升市快，那短炒時若只造淡，坐倉的時間及機會是相對較少的。過去確實有學員設計一個專門只造淡的 Daytrade 策略，回報也不俗的。

不過，根據過往某位學員提出過的要求，他是希望有一個策略可以給人選擇的，就是要加一個按鈕，可以在自動交易時給人選擇「同時造好及造淡」、「只造好」或「只造淡」。

要這樣寫的語法很簡單，以下幾句便可以：

先要寫一句給使用者選擇的語法，先 input 一個字串：

```
tradeDirection = input.string("Both", "Select Trading Direction", options=["Long", "Short", "Both"])
```

然後在寫 strategy.entry 時，分別在造好及造淡的條件加多一個 if……。

造好的部分：

```
if (tradeDirection == "Long" or tradeDirection == "Both")
    if buyCond
        strategy.entry("BUY", strategy.long)
```

造淡的部分：

```
if (tradeDirection=="Short" or tradeDirection=="Both")
    if shortCond
        strategy.entry("SHORT",strategy.short)
```

以下是一個十分簡單，運用了 10sma 及 20sma 及 RSI 的交易策略，但提供了「同時造好及造淡」、「只造好」或「只造淡」三個選擇。

```
//@version=5
strategy("My strategy", overlay=true, margin_long=100, margin_short=100)
tradeDirection = input.string("Both", "Select Trading Direction", options=["Long", "Short", "Both"])
sma10=ta.sma(close,10)
sma20=ta.sma(close,20)
rsi9=ta.rsi(close,9)
buyCond=ta.crossover(sma10,sma20) and rsi9<70
shortCond=ta.crossunder(sma10,sma20) and rsi9>30
closebuyCond=rsi9>70
closeshortCond=rsi9<30
if (tradeDirection == "Long" or tradeDirection == "Both")
    if buyCond
        strategy.entry("BUY", strategy.long)
if closebuyCond
        strategy.close("BUY")
if (tradeDirection=="Short" or tradeDirection=="Both")
    if shortCond
        strategy.entry("SHORT",strategy.short)
if closeshortCond
        strategy.close("SHORT")
```

其後在主圖表上點擊買入及平倉等的「標籤」，再按「Setting」便可選擇「Both」、「Long」、「Short」。

若選「both」，除了主圖表的入市「標籤」會同時看到造好及造淡的交易外，Backtest report 也會綜合造好與造淡的盈虧。但若選擇「short」，則主圖表的入市「標籤」會只看到造淡的交易，Backtest report 也會跟著改變。

My strategy

Overview | Performance Summary | List of Trades | Properties

Deep Backtesting

Trade # ↓	Type	Signal	Date/Time	Price	Contracts	Profit	Cum. Profit	Run-up	Drawdown
753	Exit Short	Open			1	−6.22 USD −3.69%	−12.04 USD 0%	1.23 USD 0.73%	6.43 USD 3.82%
	Entry Short	SHORT	2024-02-21 13:45	168.37 USD					
752	Exit Long	Close entry(s) order BUY	2024-02-21 09:45	169.38 USD	1	0.44 USD 0.26%	−5.82 USD 0%	1.29 USD 0.76%	0.52 USD 0.31%
	Entry Long	BUY	2024-02-21 09:30	168.94 USD					
751	Exit Short	Close entry(s) order SHORT	2024-02-20 09:45	167.00 USD	1	0.90 USD 0.54%	−6.26 USD 0%	1.27 USD 0.76%	0.80 USD 0.48%
	Entry Short	SHORT	2024-02-20 09:30	167.90 USD					
750	Exit Long	SHORT	2024-02-20 09:30	167.90 USD	1	−1.69 USD −1%	−7.16 USD 0%	0.83 USD 0.49%	2.42 USD 1.43%
	Entry Long	BUY	2024-02-15 14:15	169.59 USD					
749	Exit Long	Close entry(s) order BUY	2024-02-14 15:45	170.84 USD	1	0.91 USD 0.54%	−5.47 USD 0%	0.96 USD 0.56%	0.98 USD 0.58%
	Entry Long	BUY	2024-02-14 10:45	169.93 USD					
748	Exit Short	Close entry(s) order SHORT	2024-02-12 14:30	172.27 USD	1	1.74 USD 1%	−6.38 USD 0%	2.06 USD 1.18%	0.07 USD 0.04%

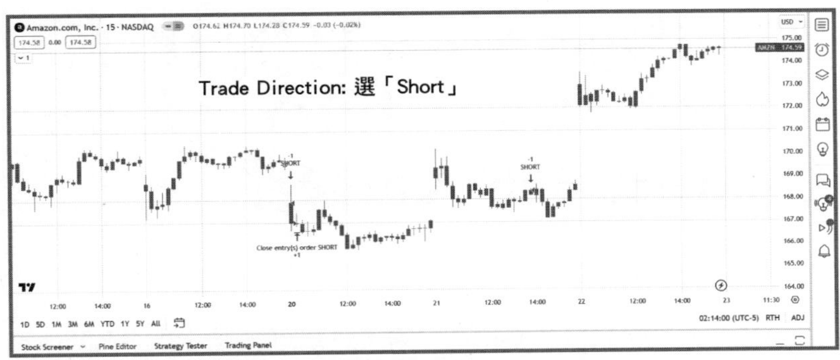

My strategy

Overview　Performance Summary　List of Trades　Properties　　Deep Backtesting

Trade # ↓	Type	Signal	Date/Time	Price	Contracts	Profit	Cum. Profit	Run-up	Drawdown
228	Exit Short	Open			1	-6.22 USD -3.69%	-52.15 USD 0%	1.23 USD 0.73%	6.43 USD 3.82%
	Entry Short	SHORT	2024-02-21 13:45	168.37 USD					
227	Exit Short	Close entry(s) order SHORT	2024-02-20 09:45	167.00 USD	1	0.90 USD 0.54%	-45.93 USD 0%	1.27 USD 0.76%	0.80 USD 0.48%
	Entry Short	SHORT	2024-02-20 09:30	167.90 USD					
226	Exit Short	Close entry(s) order SHORT	2024-02-12 14:30	172.27 USD	1	1.74 USD 1%	-46.83 USD 0%	2.06 USD 1.18%	0.07 USD 0.04%
	Entry Short	SHORT	2024-02-12 11:00	174.01 USD					
225	Exit Short	Close entry(s) order SHORT	2024-02-08 14:15	169.45 USD	1	0.81 USD 0.48%	-48.57 USD 0%	0.90 USD 0.53%	0.08 USD 0.05%
	Entry Short	SHORT	2024-02-08 13:30	170.26 USD					
224	Exit Short	Close entry(s) order SHORT	2024-02-06 12:00	168.02 USD	1	-9.98 USD -6.31%	-49.38 USD 0%	0.16 USD 0.1%	14.46 USD 9.15%
	Entry Short	SHORT	2024-02-01 14:30	158.04 USD					
223	Exit Short	Close entry(s) order SHORT	2024-01-30 12:15	159.55 USD	1	-2.88 USD -1.84%	-39.40 USD 0%	0.08 USD 0.05%	5.06 USD 3.23%

若然你是想寫一個交易策略，然後供別人使用，讓使用者在開市前可以只選擇「只造好」或「只造淡」，那才需要這樣做。但若只是研究自己的交易策略的話，其實真的較少需要這樣。

如何用 Pine Script 寫今日首支 Bar 最低價比上日最後一支 Bar 最高價更高的入市條件

首先，我們寫很多 Daytrade 的策略都可能涉及裂口高開或裂口低開的問題，因為裂口高開後價格一般會有回補裂口的傾向；同樣地，當出現裂口低開後，走勢也有可能在短期內反彈。所以，有不少 Daytrade 的策略在開市初段的走勢中，會以裂口作為入市的判斷依據。

但在 Trading View 上，若要寫 Daily 圖的裂口高開或低開，大家應該覺得很容易：

裂口高開：low > high[1]
裂口低開：high < low[1]

相信要寫 Daily 圖的裂口高開或低開，大家會覺得完全沒有難度，但筆者在設定交易策略時的習慣，一般都不會用 Daily 圖。

假設運用 5 分鐘圖表，若今日開市後第一根陰陽燭的最低價比上日最後一根陰陽燭的最高價為高，筆者便會界定為裂口高開。但大家可看看以下幾個圖表：

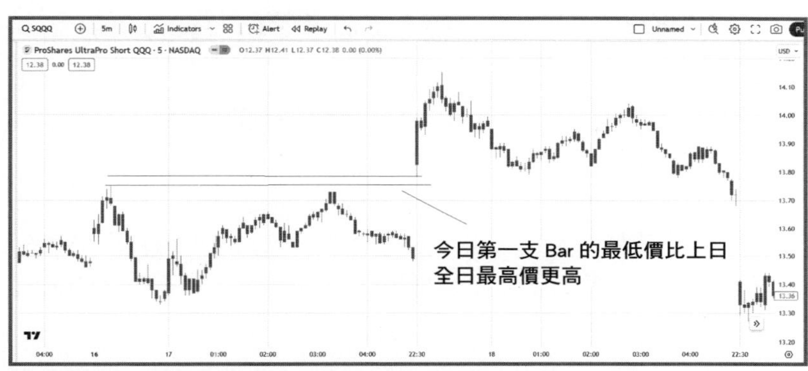
今日第一支 Bar 的最低價比上日
全日最高價更高

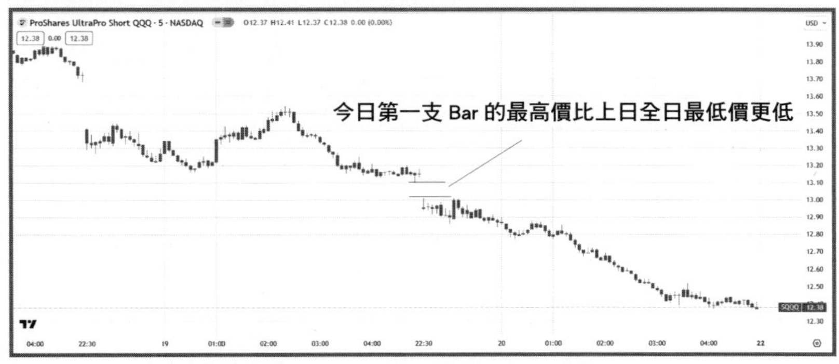
今日第一支 Bar 的最高價比上日全日最低價更低

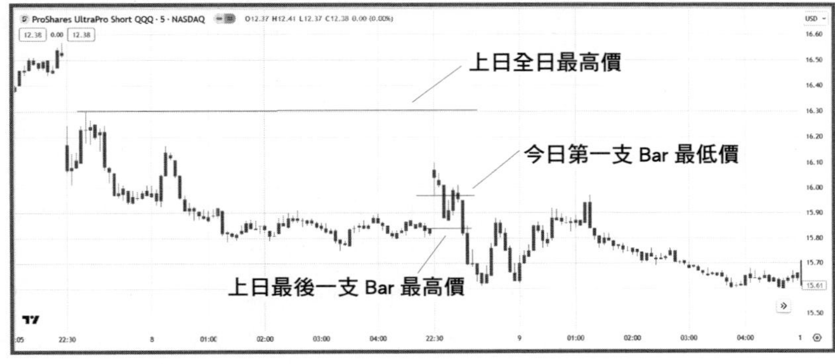
上日全日最高價
今日第一支 Bar 最低價
上日最後一支 Bar 最高價

今日開市後第一根陰陽燭的最低價比上日最後一根陰陽燭的最高價為高，但這不代表一定比上日全日最高價為高。若要在 Trading View 中寫「今日開市後第一根陰陽燭的最低價比上日最後一根陰陽燭的最高價為高」這種情況，又應怎樣寫？

有關要運用的語法其實大家都學過，但如何去組合出來就有些難度。學員們看到這裡建議可先自己試試去寫，不要立即去看下面的答案，這樣當作練習看看自己對 Pine Script 的熟悉程度。

首先，可能新手都會立即想到要用 request.security 去拿取 5 分鐘圖的最高價及最低價，這點在課堂上也有人提出。但再想想，若在主圖上開啟一個 5 分鐘圖後，high、low 其實已代表了 5 分鐘圖的最高價及最低價，那根本不用 request.security 這個 function。

要寫「今日開市後第一根陰陽燭的最低價比上日最後一根陰陽燭的最高價為高」這個入市條件，最大問題是如何去界定第一根陰陽燭及上日最後一根陰陽燭。

其中一種寫法如下：

```
//@version=5
strategy("5 分鐘 first bar last bar 比較 ", overlay=true, margin_long=10, margin_short=10)
firstHigh = ta.valuewhen(ta.change(time("5")),high,0) // 5 分鐘圖第一支 bar 的最高價
firstLow = ta.valuewhen(ta.change(time("5")),low,0) // 5 分鐘圖第一支 bar 的最低價
```

```
rs=ta.rsi(close,14)
buyCond1 = dayofmonth != dayofmonth[1]
buyCond2 = firstLow > firstHigh[1] and rs < 90
if buyCond1 and buyCond2
    strategy.entry("BUY", strategy.long)
if rs > 40
    strategy.close("BUY")
plot(firstHigh, title="LAST", color=color.blue, linewidth=1)
```

我們先用 ta.change 及 ta.valuewhen 去界定每 5 分鐘時間過去後的最高價及最低價是多少。

這樣做是有作用的，因為若只用 high、low 我們就不可能界定每日第一根陰陽燭及上日最後一根陰陽燭。

然後我們入市的其中一個條件是：
dayofmonth != dayofmonth[1]

這代表了必須轉為第二個交易日的時間，那就是剛開市的時間。若剛為第二日，同時又剛過了 5 分鐘，那就剛好代表了今天的第一根 5 分鐘陰陽燭。

然後這根陰陽燭的「上一根陰陽燭」就剛好代表了上日最後一根陰陽燭，這樣我們只要將 firstLow 與 firstHigh[1] 做比較，便能判斷出「今日開市後第一根陰陽燭的最低價比上日最後一根陰陽燭的最高價為高」這個入市條件。

Part 01

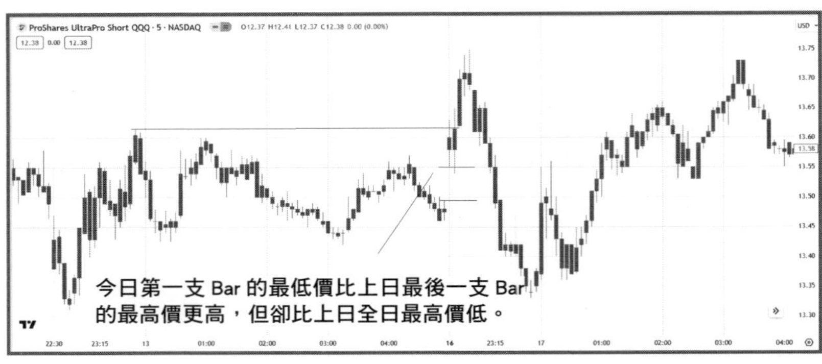

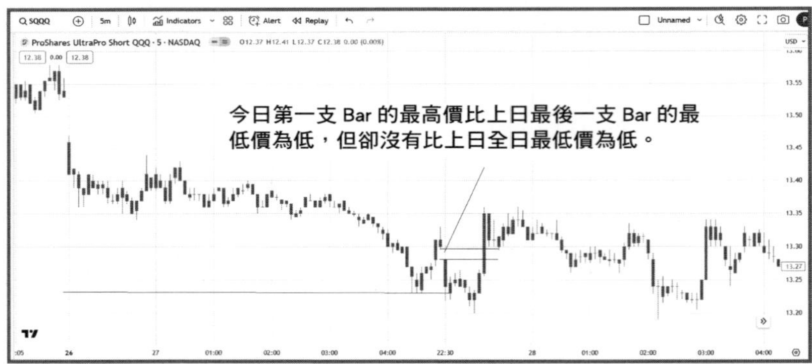

用這種方法來判斷的裂口是筆者看到很多學員經常使用的，在 Daytrade 時會比 Daily 圖的裂口更有參考價值，因為很多時候可能大家看到某日開市根本沒有比上日全日最高價更高，以為沒有上升裂口出現，但其實第一根陰陽燭的最低價比上日最後一根陰陽燭的最高價更高，已存在裂口的特性，所以開市後升勢可能很短暫，然後便有回補裂口的傾向。

同樣地，某日開市沒有比上日全日最低價更低，也並不代表沒有裂口的特性出現，只要第一根陰陽燭的最高價比上日最後一根陰陽燭的最低價為低，其實已屬於裂口，走勢便有可能很快作出反彈。

在 Daytrade 時可以讓大家更容易去判斷，可能很多人還以為 Daily 圖根本沒有裂口出現，開市後見升勢便立即高追，但若第一根陰陽燭的最低價比上日最後一根陰陽燭的最高價更高，其實入市買入的時機便要延後，待回補裂口的走勢過後才入市，勝率反而能提高。

比較正股與大市裂口幅度差距的策略

在技術分析的應用中，其實不少人也透過分析裂口找到很多實用的交易策略。例如，假設你在設計交易 Tesla（US:TSLA）的 Daytrade 策略，大家可以試試以下幾個方法：

1） 比較 Tesla 當日的裂口幅度與大市的裂口幅度。
2） 比較 Tesla 開市價跟平均線差距與大市開市價與平均線差距。

但不少人分析大市走勢時會用納指期貨（US:NQ），筆者則習慣分析納指 ETF（US:QQQ）。理由是期貨在 Pre-market 的時段成交量較大，例如美股冬令時間在 10:30 開市，期貨在 10:00 左右的交投已很活躍，很多過夜倉也會選擇在此時先平倉，故此若等到 10:30 再去分析期貨的裂口便變得不夠準確。

當然，也有人會用期貨 10:00 開始計起的走勢與正股在 10:30 開市後的走勢做比較。不過，筆者的經驗是若你的 Daytrade 策略不涉及計算裂口的幅度是可以的；但若策略涉及裂口，那麼直接將正股與 QQQ 做比較反而更好，兩者的裂口幅度差距會更清楚。

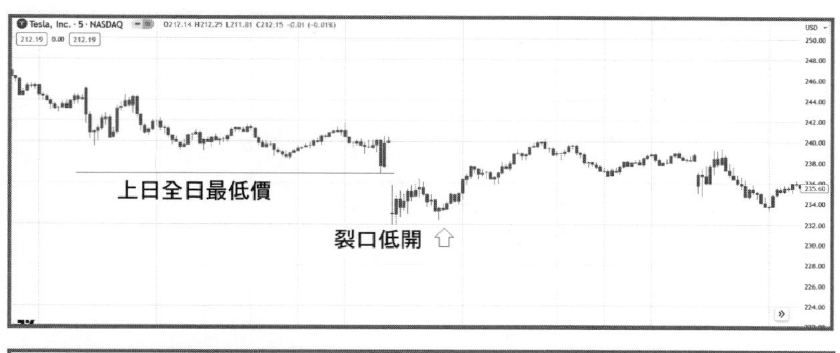

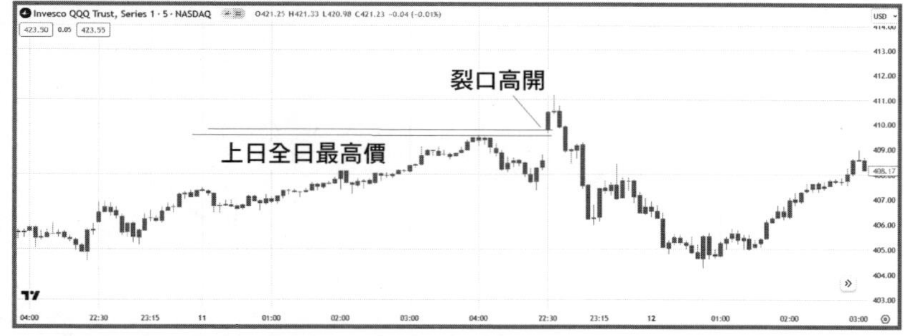

另外，將開市價與平均線做比較是想更清楚了解「Pull back effect」出現的機會。裂口高開後市場會下跌的趨勢較大；同樣地，開市價與平均線的距離越大，價格逐漸向平均線所處的水平運行的機會也越大。

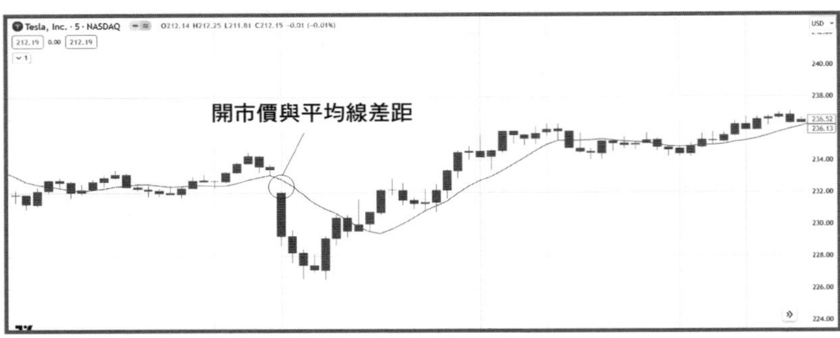

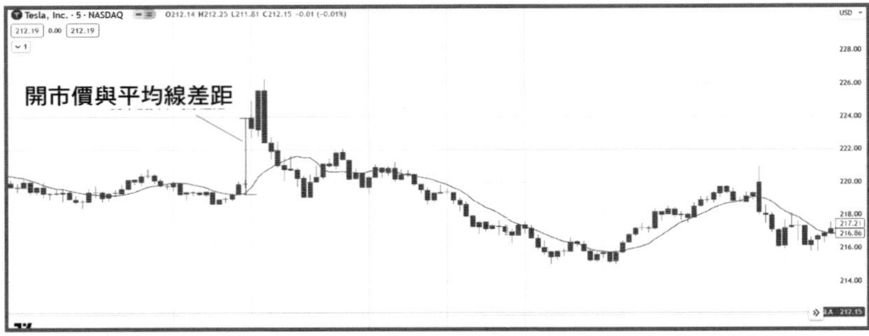

要用 Trading View 寫以上的策略也很簡單，首先在主圖表開啟 Tesla 的圖表，然後大家應想到可用 request.security 這個 function 拿到 QQQ 的數據。

用 Pine Script 的寫法如下：

```
//@version=5
strategy("與大市裂口比較策略", pyramiding=0, initial_capital=100000 , default_qty_type=strategy.fixed, default_qty_value=100,commission_type=strategy.commission.cash_per_order, commission_value=1,slippage=2)
```

```
smaLength=input.int(10,"smaLength")
sma10=ta.sma(close, smaLength)
gapValue = ((open - close[1]) / close[1]) * 100
smadiff=((open-sma10)/sma10)*100
mg=input.timeframe("D","dailytimeframe")
marketGap = request.security("BATS:QQQ", mg, gapValue)
marketSma= request.security("BATS:QQQ", mg, smadiff)
var bool traded =false
rs=ta.rsi(close,9)
buyCond= gapValue > marketGap and smadiff>marketSma and
rs<30
closebuyCond= strategy.position_size > 0 and rs>50
shortCond= gapValue < marketGap and smadiff < marketSma
and rs>70
closeshortCond= strategy.position_size < 0 and rs<50
plot(marketGap, color=color.orange, style=plot.style_columns,
title="MarketGap")
plot(gapValue, color=color.blue, style=plot.style_columns,
title="Gap Value")
if buyCond
    strategy.entry("BUY", strategy.long) traded:=true
if shortCond
    strategy.entry("SHORT", strategy.short) traded:=true
if closebuyCond
    strategy.close("BUY")
if closeshortCond
    strategy.close("SHORT")
```

```
if ta.change(time("D"))!=0
    traded:=false
```

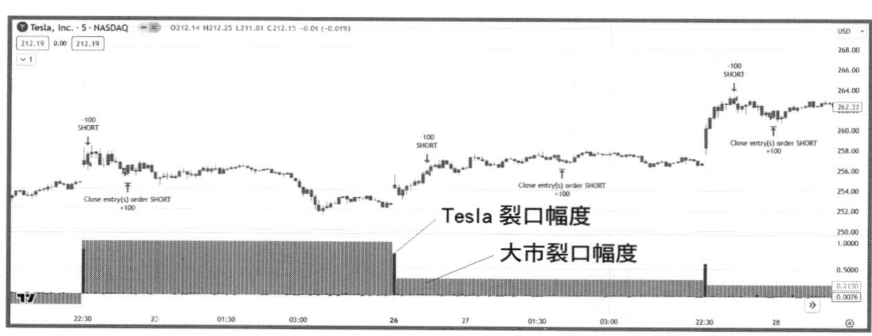

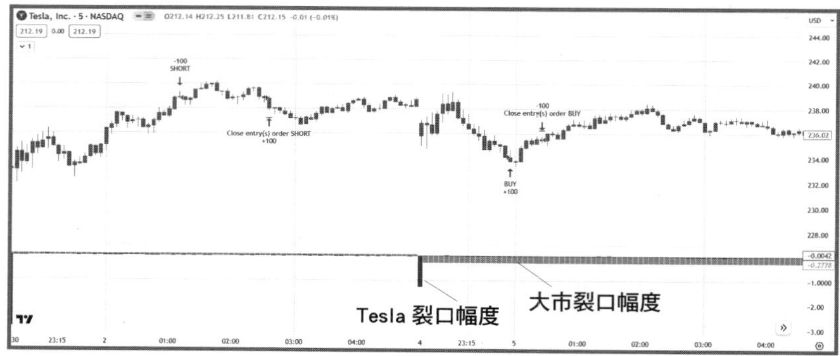

語法解釋：

先用 gapValue = ((open - close[1]) / close[1]) * 100，計算裂口的幅度。然後 request.security 這個 function 不只可以拿到 open、high、low、close 這些價格，也可拿到不同的數據，例如當時的 MACD 快線值、RSI 值、最高價與最低價的平均數等，當然 gapValue 的數值也可以。

然後再用 request.security 這個 function 拿到大市 10 平均線的值，之後的部分就十分簡單，只要將不同的數值做比較便可界定入市條件。平倉條件也是很簡單地運用了 RSI，相信大家已懂得如何寫出來。

整體來說，這類運用 Pull back effect 的策略在 Daytrade 時仍很值得參考，而且可以再修改的部分也有很多，例如：

1） 改用本日第一支 Bar 的高低價與上日最後一支 Bar 的高低價來判斷裂口高開／低開。
2） 裂口的幅度可以要求達到一定幅度才入市，因為裂口的幅度越大，Pull back effect 也越大。
3） 但同時也可界定裂口的幅度若真的過大便不入市，因為這可能是市場十分「瘋狂」的情況，避開這種情況可能會令回報變得更穩定。
4） 開市價與平均線的差距也可設定達一定幅度才入市。
5） 增設一個條件，例如昨日 Tesla 日線圖是陽燭，大市卻是陰燭，若本日 Tesla 再裂口高開，下跌的機會便更大。

入市後持倉達到指定時間便平倉的寫法

這篇文章講解的 Pine Script 語法可能對新手來說會困難一點。首先，筆者連續兩天講解了有關裂口的策略，但教學內容都集中在研究如何判斷入市位。但其實運用裂口的 Daytrade 策略，平倉離場的方法應與其他的 Daytrade 策略不同。

如上一篇文章的例子，利用了開市裂口以及價格與平均線的差距作入市準則，並以 RSI 這個指標設定平倉準則。

但其實這類利用 Pull back effect 的策略，未必一定需要運用其他技術指標作平倉準則，反而用「時間」來決定平倉時機可更適合。

若大家有留意，例如當出現裂口高開後，最常見是在 8 至 10 支 Bar 的時間內價格已經回落；但若時間很長仍未見價格調整，則可能當天運用 Pull back effect 的策略會失效。

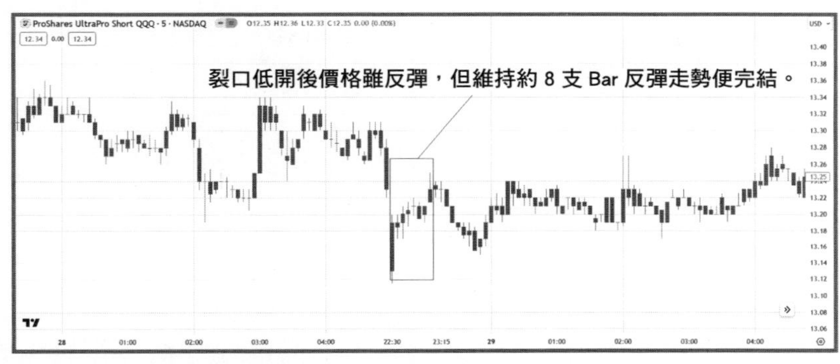

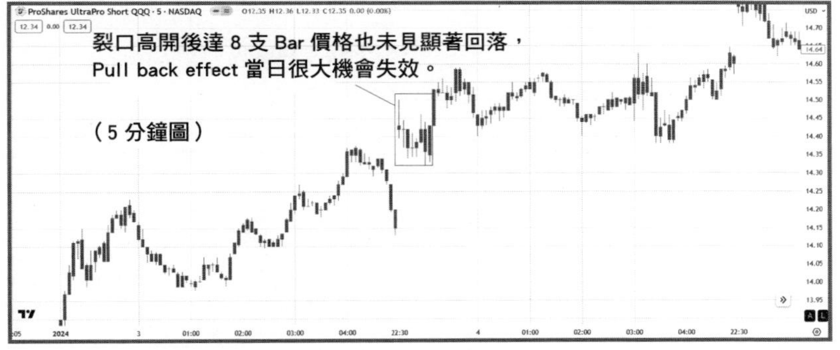

另外，即使價格出現回落，但每次出現裂口高開的情況後，回落幅度也有可能不同。可能某次回落 0.5% 便完結調整，下次則可能回落達 3 至 4% 才完結調整。

不過，幅度可以不同，但調整的「時間」很多時候也差不多。可以某次只是緩慢地調整了 0.5%，維持時間大約 8 支 Bar；但下次可能快速急跌，下跌幅度達 3 至 4%，而調整的維持時間也大約是 8 支 Bar，只是下跌的幅度較大。

所以平倉的準則可以試試用入市後持倉多少支 Bar 便平倉，這樣反而更為簡單有效。

要用 Pine Script 寫這種入市後持倉多少支 Bar 便平倉的準則，應該不少人會想到 ta.barssince() 這個 function，ta.barssince() 的應用例子如下：

```
//@version=5
indicator("ta.barssince")
// get number of bars since last color.green bar
plot(ta.barssince(close >= open))
```

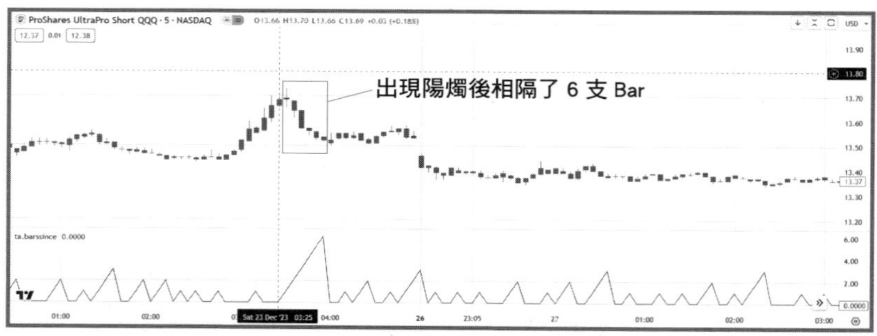

簡單來說，就是計算某個情況發生後已相隔多少支 Bar。以上例子就是 plot 出現陽燭後相隔了多少支 Bar，例如在 5 分鐘圖上，10:05 至 10:10 這 5 分鐘出現陽燭，到了 10:10 至 10:15 就是相隔了 1 支 Bar，再到了 10:15 至 10:20 就相隔了 2 支 Bar。

那大家立即想到，要寫入市後持有 8 支 Bar 便平倉應很容易，若用上一篇文章的例子修改後如下：

```
//@version=5
strategy(title="Swing Trade Market Gaps", overlay=false,
pyramiding=0, initial_capital=100000,
default_qty_type=strategy.fixed, default_qty_value=100, commission_type=strategy.commission.cash_per_order, commission_value=1 ， slippage=2)
smaLength=input.int(10,"smaLength")
sma10=ta.sma(close, smaLength)
gapValue = ((open - close[1]) / close[1]) * 100
smadiff=((open-sma10)/sma10*100)
marketGap = request.security("BATS:QQQ", timeframe.period, gapSize)
marketSma = request.security("BATS:QQQ", timeframe.period, smadiff)
buyCond = gapValue > marketGap and
smadiff > marketSma
closebuyCond = strategy.position_size > 0 and
ta.barssince(buyCond) > 8
shortCond = gapValue < marketGap and
smadiff < marketSma
closeshortCond = strategy.position_size < 0 and
ta.barssince(shortCond) > 8
plot(marketGap, color=color.orange, style=plot.style_columns,
title="Market Gap %")
plot(gapSize, color=color.blue, style=plot.style_columns,
title="Gap Size %")
if buyCond
```

```
    strategy.entry("BUY", strategy.long)
if shortCond
    strategy.entry("SHORT", strategy.short)
if closebuyCond
    strategy.close("BUY")
if closeshortCond
    strategy.close("SHORT")
```

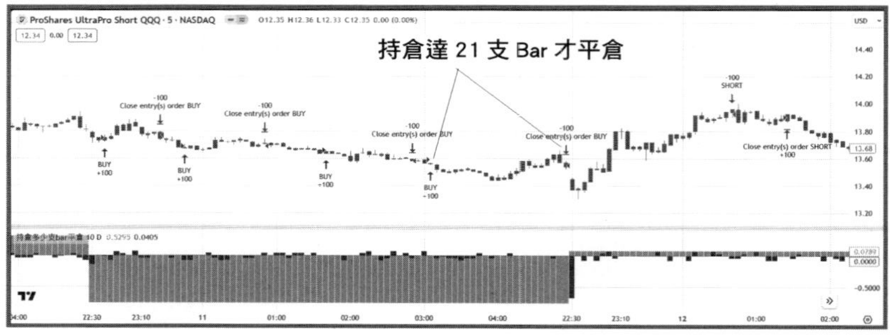

但寫好後大家做 Backtest 時就會發現，結果根本不是你想要的。結果看到每次交易，入市後持倉的長短都有不同，有些交易持倉 8 支 Bar 後平倉，有些交易只持倉 3 支 Bar 後平倉，有些交易持倉數十支 Bar 也仍未平倉。

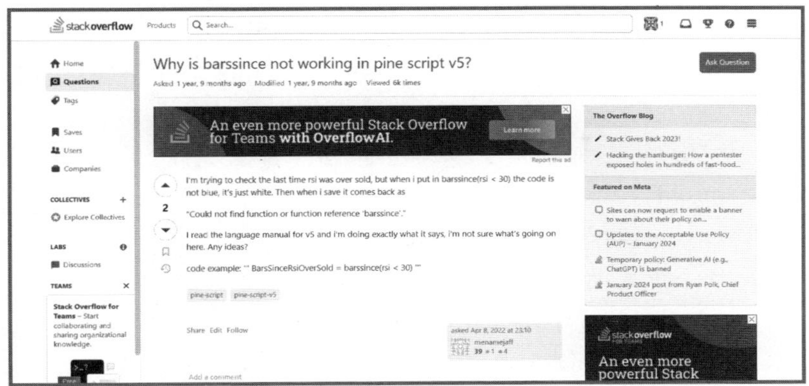

其實 ta.barssince ( ) 這個 function 的問題很多人也在問，在外國很多 Pine Script 的討論區也經常有人問相關的問題。

要寫入市後持有 8 支 Bar 便平倉的平倉準則，應用 strategy.opentrades.entry_bar_index ( ) 這個 function。

以下 BarsSinceLastEntry ( ) 為一個「自定義 function」，當中的計算便是用了 strategy.opentrades.entry_bar_index ( ) ，而「strategy.opentrades - 1」則代表最後一個持倉。

```
BarsSinceLastEntry ( ) =>
bar_index - strategy.opentrades.entry_bar_index(strategy.opentrades - 1)
```

所以若要用昨日的例子作修改，先加上自定義 function 的部分，再改動 closebuyCond 及 closeshortCond 便可以：

BarsSinceLastEntry ( ) =>

bar_index - strategy.opentrades.entry_bar_index(strategy.opentrades - 1)

buyCond = gapValue > marketGap and

smadiff > marketSma

closebuyCond = strategy.position_size > 0 and

BarsSinceLastEntry ( ) > 8

shortCond = gapValue < marketGap and

smadiff < marketSma

closeshortCond = strategy.position_size < 0 and BarsSinceLastEntry ( ) > 8

全部統一是持倉超過 8 支 Bar，即持倉達 9 支 Bar 便平倉。

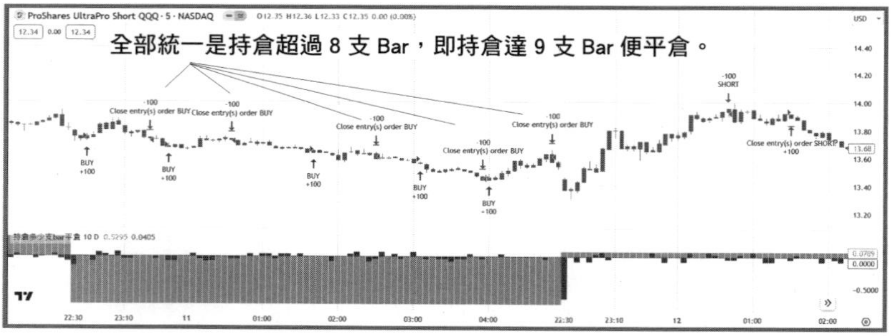

我們再看看新答案的 Backtest 結果，這時可看到每次交易後平倉的時間都是持有倉位 8 支 Bar 後平倉。

當然，8 支 Bar 只是一個平均數。筆者是運用了 5 分鐘圖作統計，若用 1 分鐘圖或其他時間間隔的圖表則會有不同。而且，不同的股份或產品也有可能不同，在設定個人交易策略時，大家要再詳細測試。

Part 02

進階教學

如何提高保歷加通道交易策略的勝算

有一種策略是很多新手都經常問我的，就是若要寫股價跌穿保歷加通道底部便買入，升穿保歷加通道頂部便造淡，應該怎樣用 Pine Script 寫出來？

以下的入市準則是：收市價低於保歷加通道底部便買入，然後待收市價跌穿保歷加通道中軸便平倉；相反，收市價高於保歷加通道頂部則造淡，然後待收市價升穿保歷加通道中軸便平倉。

```
//@version=5
strategy("升穿 bollinger's band 錯誤用法", overlay=true, margin_long=100, margin_short=100)
sma20=ta.sma(close,20)
mult=ta.stdev(close,20)
upper=sma20+2*mult
lower=sma20-2*mult
noposition=strategy.position_size==0
var bool traded =false
buyCond=close<lower and close<sma20
shortCond=close>upper and close>sma20
buycloseCond=ta.crossover(close,sma20)
shortcloseCond=ta.crossunder(close,sma20)
if buyCond and noposition and not traded
```

```
    strategy.entry("BUY",strategy.long)

    traded:=true
if buycloseCond and not noposition
    strategy.close("BUY")
if shortCond and noposition and not traded
    strategy.entry("SHORT",strategy.short)

    traded:=true
if shortcloseCond and not noposition
    strategy.close("SHORT")
if ta.change(time("D"))!=0
    traded:=false
```

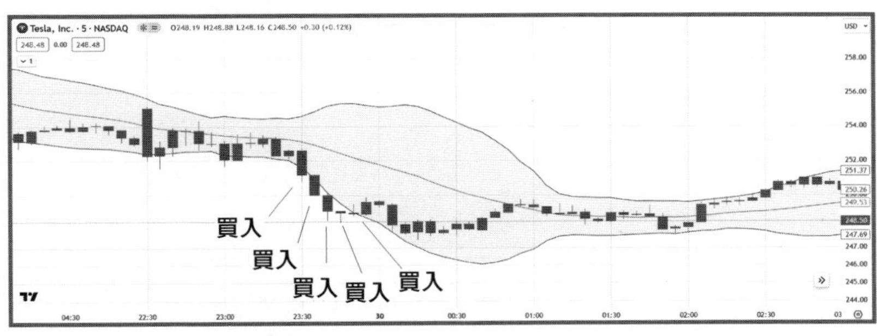

這是最簡單的寫法，但大家應會想到，若收市價低於保歷加通道底部便買入，那以下情況可能會出現「連續多次買入」，所以在策略中已設定了每天只交易一次，而且入市情況需要「沒有持倉」才會入市。

可以看到這類交易策略，交易一年後仍然要虧損。數據是用了 Tesla（US:TSLA）的 5 分鐘數據，而這個策略在一年裏交易了 259 次，獲利的有 151 次，勝率大約是 58.3%。

若要修改這類運用保歷加通道頂部及底部的策略，其實比較好的處理方法是：當股價升穿保歷加通道頂部後，等待股價再回落至保歷加通道之內才入市造淡。同樣地，若股價跌穿保歷加通道底部，也應等待股價回升至保歷加通道之內才入市造好。

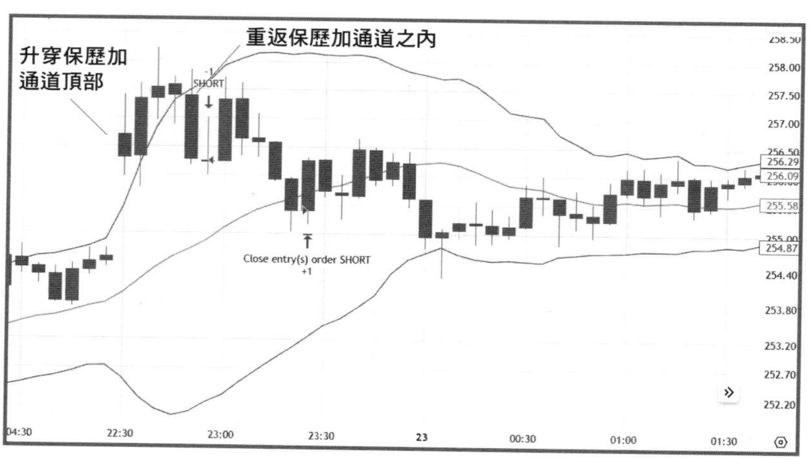

寫這類策略的方法是運用 ta.crossover 及 ta.crossunder。

若寫成 ta.crossover(close,lower)，就是代表了股價由保歷加通道底部以下，升穿保歷加通道底部之時便會入市買入。

可以想想，要出現這種情況必然是股價之前已經跌穿了保歷加通道底部才會發生，那便既符合跌穿保歷加通道底部的要求，同時又符合了股價再回升至保歷加通道內的要求。

而升穿保歷加通道頂部後再待股價回落至通道之內的寫法應大家現在也懂得怎樣寫，那便是 ta.crossunder(close,upper)。

以下是整個策略的完整寫法：

```
//@version=5
strategy(" 升穿 bollinger's band 及跌穿 bollinger's band 策略 ", overlay=true, margin_long=100, margin_short=100)
sma20=ta.sma(close,20)
mult=ta.stdev(close,20)
upper=sma20+2*mult
lower=sma20-2*mult
noposition=strategy.position_size==0
var bool traded =false
buyCond=ta.crossover(close,lower) and close<sma20
shortCond=ta.crossunder(close,upper) and close>sma20
buycloseCond=ta.crossover(close,sma20)
shortcloseCond=ta.crossunder(close,sma20)
if buyCond and noposition and not traded
    strategy.entry("BUY",strategy.long)

    traded:=true
if buycloseCond and not noposition
    strategy.close("BUY")
if shortCond and noposition and not traded
```

```
        strategy.entry("SHORT",strategy.short)

        traded:=true
    if shortcloseCond and not noposition
        strategy.close("SHORT")
    if ta.change(time("D"))!=0
        traded:=false
```


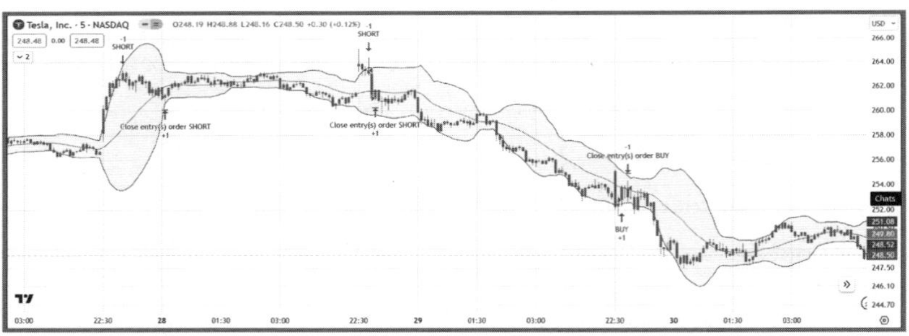

Overview | Performance Summary | List of Trades | Properties

Title	All	Long	Short
Net Profit	27.83 USD 0%	−0.66 USD 0%	28.49 USD 0%
Gross Profit	291.89 USD 0.03%	129.30 USD 0.01%	162.59 USD 0.02%
Gross Loss	264.06 USD 0.03%	129.96 USD 0.01%	134.10 USD 0.01%
Max Run-up	60.85 USD 0.01%		
Max Drawdown	32.72 USD 0%		
Buy & Hold Return	640 495.03 USD 64.05%		
Sharpe Ratio	−202.891		
Sortino Ratio	−1		
Profit Factor	1.105	0.995	1.212
Max Contracts Held	1	1	1
Open PL	0.00 USD 0%		
Commission Paid	0.00 USD	0.00 USD	0.00 USD
Total Closed Trades	258	121	137
Total Open Trades	0	0	0

Title	All
Total Closed Trades	258
Total Open Trades	0
Number Winning Trades	167
Number Losing Trades	90
Percent Profitable	64.73%

升穿bollinger's band及跌穿bollinger's ban...

Overview | Performance Summary | List of Trades | Properties

Title	All	Long	Short
Total Closed Trades	258	121	137
Total Open Trades	0	0	0
Number Winning Trades	167	77	90
Number Losing Trades	90	44	46
Percent Profitable	64.73%	63.64%	65.69%
Avg Trade	0.11 USD 0.03%	−0.01 USD −0.02%	0.21 USD 0.08%
Avg Winning Trade	1.75 USD 0.84%	1.68 USD 0.84%	1.81 USD 0.85%
Avg Losing Trade	2.93 USD 1.47%	2.95 USD 1.52%	2.92 USD 1.42%
Ratio Avg Win / Avg Loss	0.596	0.569	0.62
Largest Winning Trade	4.68 USD 3.5%	4.56 USD 3.5%	4.68 USD 2.18%
Largest Losing Trade	12.57 USD 7.6%	8.21 USD 6.17%	12.57 USD 7.6%
Avg # Bars in Trades	16	16	15
Avg # Bars in Winning Trades	9	9	9

從 Backtest report 可以看到勝率會較第一個策略為高。一年裏交易了 258 次，獲利的有 167 次，勝率提高至 64.73%，但最重要的是原本是虧損的策略已變成輕微獲利。

不過，獲利確實不多，那又有沒有方法可以改得更好？最常見的做法是觀察圖表上的入市訊號，特別是留意出現裂口高開或裂口低開的情況，因為不少人都會認為出現裂口高開或裂口低開會引發上日持倉過夜的炒家的平倉盤，但這並不代表當日即市的走勢，只會在開市初段產生短暫影響。

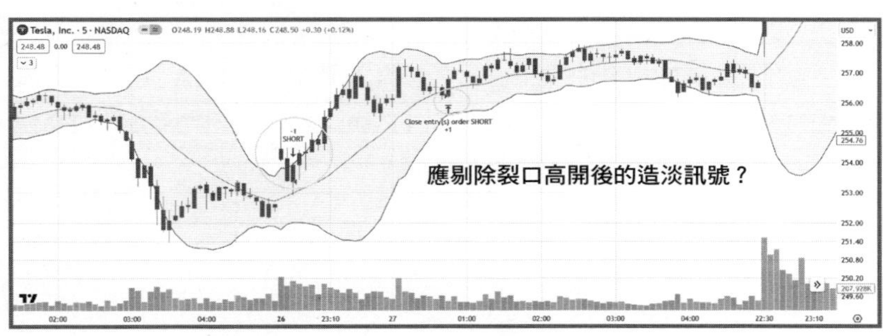

而我們在圖表上觀察這個策略的入市訊號時，又確實發現有些日子的造淡訊號會因為當日出現裂口高開，因而升穿了保歷加通道頂部，其後股價重返保歷加通道之內便入市造淡，不過最後卻出現虧損。

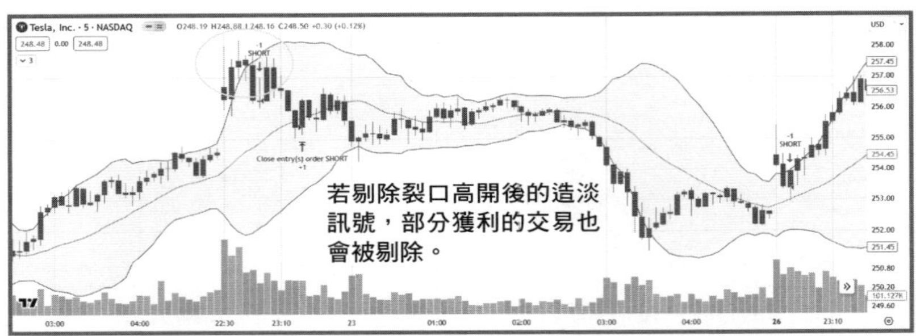

那若我們剔除因裂口高開而出現的入市造淡訊號又會怎樣？但這種修改方法又很可能把原本能獲利的訊號也剔除，結果是交易表現可能更差。

筆者就建議可以試試與平均線配合作修改，例如運用「Hull Moving Average，HMA」，這是一種特別重視最近價格變動的加權移動平均線，有點像「Weighted Moving Average，WMA」，但HMA 的滯後情況會較 WMA 少。

我們試試加上一些新的條件：買入時必需 HMA 比上一支陰陽燭的 HMA 為高，造淡時則必需 HMA 比上一支陰陽燭的 HMA 為低。

以下便是修改後的版本，在主圖上的紅線便是 HMA。

現在把 HMA 的入市條件配合保歷加通道組成新策略：

```
//@version=5
strategy(" 升穿 bollinger's band 改良版 ", overlay=true, margin_long=100, margin_short=100)
sma20=ta.sma(close,20)
mult=ta.stdev(close,20)
upper=sma20+2*mult
lower=sma20-2*mult
noposition=strategy.position_size==0
var bool traded =false
hmaValue=ta.hma(close,10)
buyCond=ta.crossover(close,lower) and close<sma20
shortCond=ta.crossunder(close,upper) and close>sma20
buycloseCond=ta.crossover(close,sma20)
shortcloseCond=ta.crossunder(close,sma20)
buyCond2=hmaValue>hmaValue[1]
shortCond2=hmaValue<hmaValue[1]
```

```
if buyCond and noposition and not traded and buyCond2
    strategy.entry("BUY",strategy.long)

    traded:=true
if buycloseCond and not noposition
    strategy.close("BUY")
if shortCond and noposition and not traded and shortCond2
    strategy.entry("SHORT",strategy.short)

    traded:=true
if shortcloseCond and not noposition
    strategy.close("SHORT")
if ta.change(time("D"))!=0
    traded:=false
plot(hmaValue,title="HMA",color=color.red,linewidth=1)
```

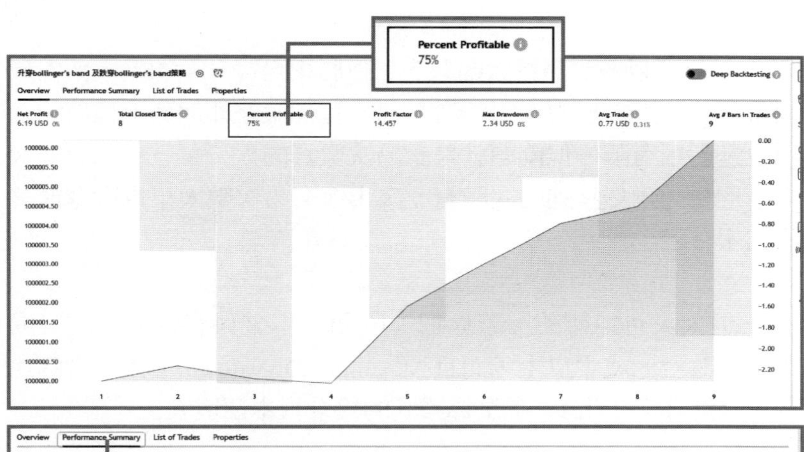

Overview | Performance Summary | List of Trades | Properties

Title	All	Long	Short
Max Contracts Held	1	1	1
Open PL	0.00 USD 0%		
Commission Paid	0.00 USD	0.00 USD	0.00 USD
Total Closed Trades	8	7	1
Total Open Trades	0	0	0
Number Winning Trades	6	5	1
Number Losing Trades	2	2	0
Percent Profitable	75%	71.43%	100%
Avg Trade	0.77 USD 0.31%	0.83 USD 0.33%	0.39 USD 0.21%
Avg Winning Trade	1.11 USD 0.46%	1.25 USD 0.51%	0.39 USD 0.21%
Avg Losing Trade	0.23 USD 0.13%	0.23 USD 0.13%	N/A
Ratio Avg Win / Avg Loss	4.819	5.443	N/A
Largest Winning Trade	1.94 USD 0.8%	1.94 USD 0.8%	0.39 USD 0.21%
Largest Losing Trade	0.31 USD 0.17%	0.31 USD 0.17%	N/A
Avg # Bars in Trades		9	7

Performance Summary

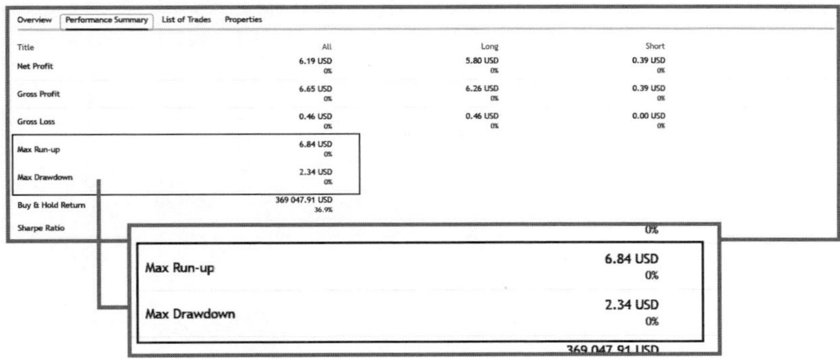

Overview | Performance Summary | List of Trades | Properties

Title	All	Long	Short
Net Profit	6.19 USD 0%	5.80 USD 0%	0.39 USD 0%
Gross Profit	6.65 USD 0%	6.26 USD 0%	0.39 USD 0%
Gross Loss	0.46 USD 0%	0.46 USD 0%	0.00 USD 0%
Max Run-up	6.84 USD 0%		
Max Drawdown	2.34 USD 0%		
Buy & Hold Return	369 047.91 USD 36.9%		
Sharpe Ratio			

結果可以看到訊號大幅減少，但勝率再提升至 75%。而看最大獲利與最大虧損的比例達到 3：1，這類策略即使遇上最壞的情況也是虧損有限。但問題就是交易次數真的太少，一年只有 8 次入市機會，雖然獲利的次數有 6 次，但交易次數太小也會令最終的回報有限。

但大家可以想想，若你把「10 個」本來只有六成中的交易策略修改至七成中以上，而且 Maximum Drawdown 不大，盈虧比更大幅提升至 3 比 1，那麼你獲利的機會根本便很大。

然後我們這 10 個策略同時執行，那你的交易次數就不會少，而回報也會因而增加。若為了達到有足夠多交易次數的目的而勉強去運用一些勝率較低、盈虧比又較低的交易策略，那最終的回報反而不會太好。

如何用 TradingView 自制黃金比率

應該很多人都曾試過覺得「黃金比率」好像很有效。筆者印象之中，十多年前有位同事，有段時間他估期指的轉勢位十分準確。期指跌的時候，他能剛剛好在低位買入；升的時候又剛剛好在高位反手沽出，連盤房的同事都要偷看他的戶口。

但別人問他用甚麼方法預測，他就一直不說。不過，他只告訴我其實他只是用了黃金比率，而且只會留意 1.618 這個數字，其他如 0.382 等等他完全不理會。

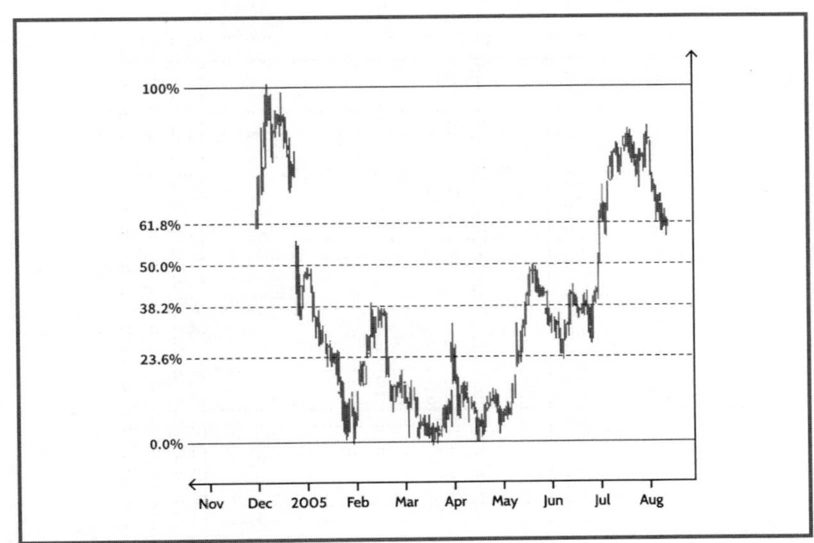

當然，他好像神一般「逢估必中」的情況只維持了一個多月左右，但黃金比率雖未必能讓你長期「逢估必中」，不過在交易時確實值得參考一下。

在 Trading View 的討論區中，也有不少人會嘗試自行用 Pine Script 來寫黃金比率。而初學者在最初學習 Pine Script 時，也應多看別人寫的例子，這有助於學習得更快。

以下是用 Pine Script 將黃金比率制成一個「通道」，方便在交易時使用。原創者是「© blackcat1402」，不過筆者把它稍為修改，讓初學 Pine Script 的學員更加容易明白。

若能看懂這篇中的每句語法，那麼大家學習 Pine Script 的基本用法應該已「過關」了。

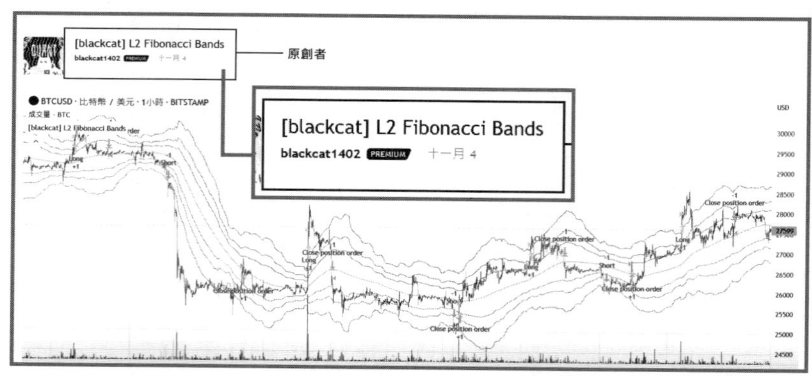

首先，原創者「© blackcat1402」是把它寫成交易策略的，但筆者把它改成一個簡單的指標，有些在圖表上用以標示註解的語法也刪除。另需留意，原創者計算黃金比率通道的方法是需要與 Keltner Channels 配合計算的。

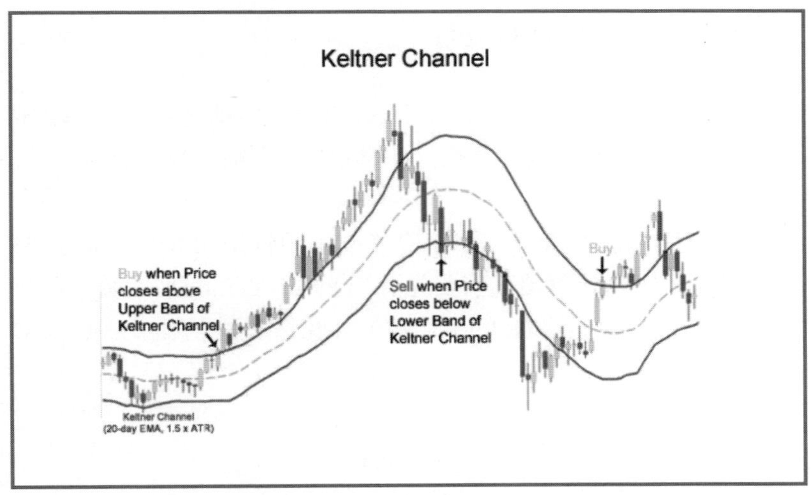

首先這個 Indicator 的平均線用上 233 這個參數，fib1 設定為 1.618 是其中一個黃金比率，而 src 則代表這個平均線並不是用收市價來計算，而是想用 (最高價 + 最低價)/2 後的數值來計算平均線，在 Trading View 中可以用「hl2」來表達。

```
maLength = input.int(233)
src = input(hl2)
fib1 = input.float(1.618)
```

```
fib2 = input.float(2.618)
fib3 = input.float(4.236)
```

另外，在 Pine Script 中計算平均線的寫法就是 ta.sma

```
ma = ta.sma(src, maLength)
```

至於 Keltner Channel 則由三條線構成，中軸 = n 日的 sma 平均價格，頂部 = 中軸線 + 2 * ATR，底部 = 中軸 – 2 * ATR

不過原創者的計算方法有點不同，中軸是用 hl2 計算的 233 日平均線，然後計算頂部前要先計出 89 日 ATR 的平均數，再將中軸加上（2 x 89 日 ATR 的平均數），底部則是中軸減去（2 x 89 日 ATR 的平均數）。

```
kcMultiplier = input.int(defval=2, minval=0)
kcLength = input.int(defval=89, minval=1)
kcTrueRange = ta.tr
kcAverageTrueRange = ta.sma(kcTrueRange, kcLength)
kcUpper = ma + kcMultiplier * kcAverageTrueRange
kcLower = ma - kcMultiplier * kcAverageTrueRange
```

之後需要畫上 6 條線。例如 upper 的第 1 條線是先計算（Keltner Channel 頂部 - 用 hl2 計算的 233 日平均線）的差距值，再將這個差距值 x 1.618 + hl2 計算的 233 日平均線。

```
fbUpper1 = ma + fib1 * (kcUpper - ma)
fbUpper2 = ma + fib2 * (kcUpper - ma)
fbUpper3 = ma + fib3 * (kcUpper - ma)
fbLower1 = ma - fib1 * (ma - kcLower)
fbLower2 = ma - fib2 * (ma - kcLower)
fbLower3 = ma - fib3 * (ma - kcLower)
```

最後用 plot 把平均線及 6 條黃金比率通道的線在圖表上顯示出來。

```
plot(ma, title='Midband', color=color.new(color.blue, 0), linewidth=2)
plot(fbUpper1, title='Upper Band 1', color=color.new(color.green, 0), linewidth=1)
plot(fbUpper2, title='Upper Band 2', color=color.new(color.green, 0), linewidth=1)
plot(fbUpper3, title='Upper Band 3', color=color.new(color.green, 0), linewidth=1)
plot(fbLower1, title='Lower Band 1', color=color.new(color.red, 0), linewidth=1)
plot(fbLower2, title='Lower Band 2', color=color.new(color.red, 0), linewidth=1)
plot(fbLower3, title='Lower Band 3', color=color.new(color.red, 0), linewidth=1)
```

我們再看看效果如何：

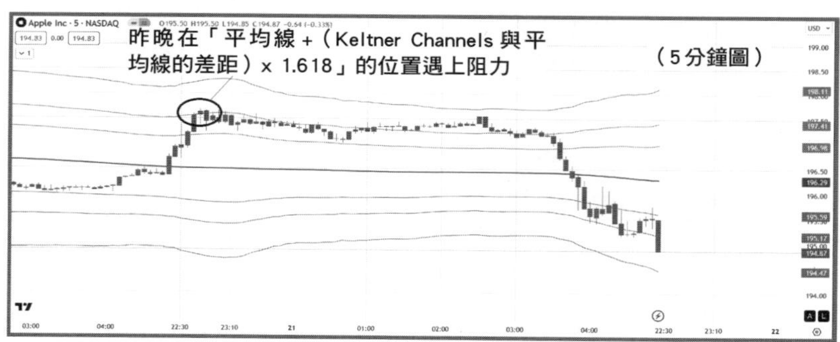

例如上圖用了這個黃金比率通道分析 Apple（US:AAPL）的走勢，5 分鐘圖上可看到，Apple 的股價在開市初段只上升了 20 分鐘左右便由高位回落，而且全日一直在下跌，而遇上阻力的位置便剛好在「平均線 +（Keltner Channels 與平均線的差距）x 1.618」的位置。

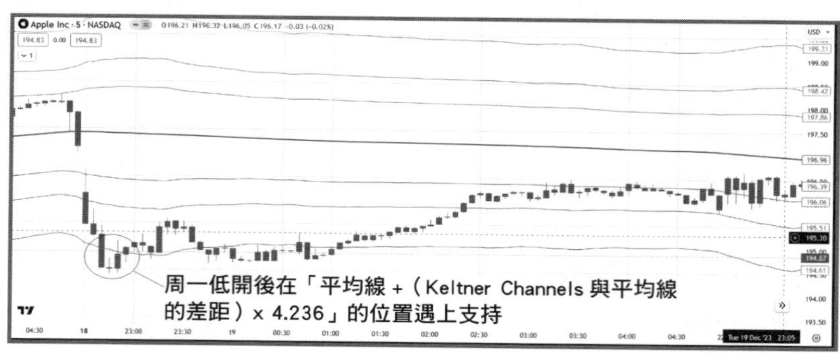

另外，這個例子中 Apple（US:AAPL）裂口低開後持續急跌，但跌浪只維持了 15 分鐘左右，其後約在 194.5 美元開始反彈，而股價獲得支持的位置便剛好約是「平均線—（Keltner Channels 與平均線的差距）× 4.236」的位置。

用 TradingView 寫因應市場波幅改變入市倉位的交易策略

很多人設計交易策略時，只會想自己應何時入市、何時平倉，不斷去想應用哪些技術指標，又或查看哪一個圖表，甚至使用一些特別的數據。但當想到交易時應投入多少資金時，只會直接想到自己有多少本金就買多少，又或自己預計最大可虧損金額是多少，然後按這個比例去決定買入的金額。

例如，股價是 10 元，你有 4 萬元本金。你統計過若根據自己的交易策略，當出現止蝕的情況時，大約會虧損 5%，而你能接受的虧損金額只是 1,000 元，那你便會決定只買 2000 股，因為買入的資金只需 20,000 元，若虧損 5% 就剛好只虧損 1,000 元。按這個比例，大約每次你會動用本金的約 50% 去交易。

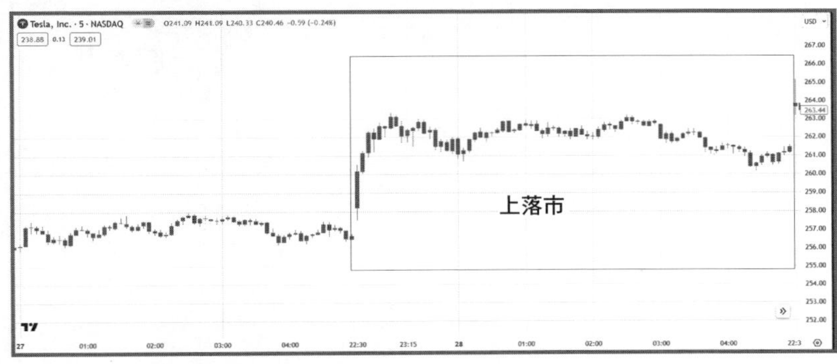

要在 Trading View 寫這類策略，其實很容易：

strategy("ZeroLag MACD strategy Lesson", overlay=true, margin_long=100, margin_short=100, initial_capital = 100000, default_qty_type = strategy.percent_of_equity, default_qty_value = 50)

在 strategy 的部分加上「default_qty_type = strategy.percent_of_equity」及「default_qty_value = 50」便可以。這兩句代表了用百分比去計算你的資金，並決定每次用資金的 50% 去交易。

但其實在真實交易中，特別是 Daytrade，倉位的控制十分重要。真的每次也應該用資金的 50% 去交易嗎？

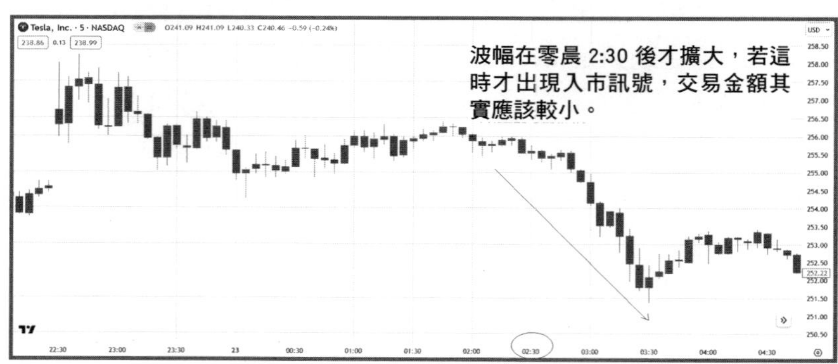

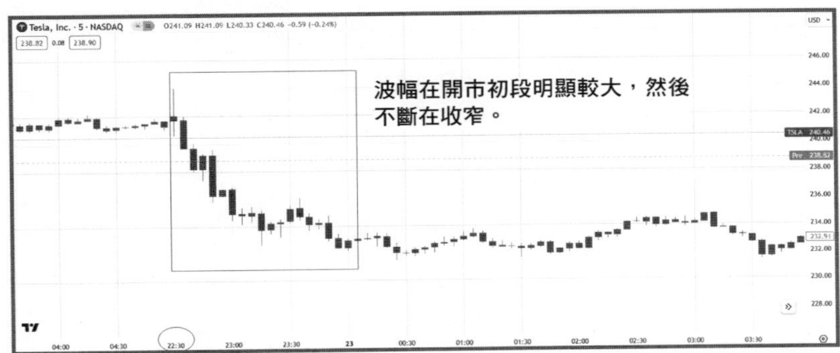

當我們 Daytrade 時，若遇上牛皮市，獲利幅度會大幅減少。最大問題是，可能因為要等股價升至既定的止賺目標，而令這次交易由盈轉虧。可能早一點平倉其實是能獲利的，但因為一直在等待，結果股價掉頭回落，然後反而要止蝕離場。這種情況很多炒家也經常遇到，特別是愛 Daytrade 的炒家，因為即市的波幅是有限的，若遇上牛皮市，可能根本等不到股價升至目標價便接近收市，那就只能被迫先平倉。

有很多人會想，解決辦法就是把策略分成兩種止賺策略，一種是在牛皮市況中應用的，一種是大單邊市況中應用的，這樣就能解決問題了。但即市走勢中，可能開市後上半部分是牛皮市，到了下半部分才是單邊大升或大跌市，又或開市初段的波幅很大，但其後波幅不斷收窄。若遇上這些情況，那你寫好的策略在這種情況下又有很大可能判斷錯誤。

其實比較好的方法是根據市況的波幅來判斷入市金額，這樣反而更為簡單有效。遇上波幅小的牛皮市時，投入金額也可更大；相反，遇上波幅較大的時間則投入金額較少，那便能有效解決問題。

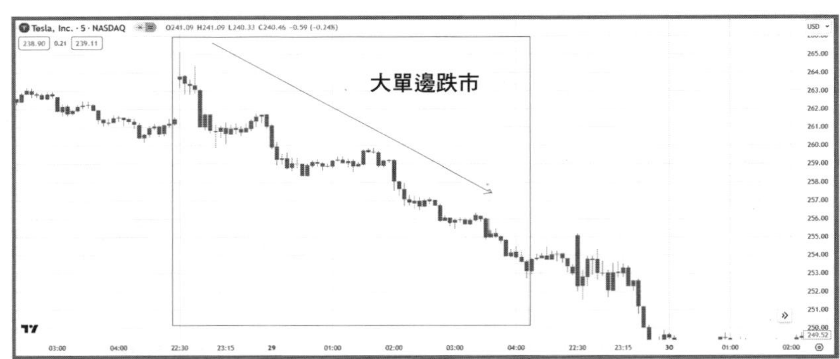

即使遇上牛皮市，但由於交易的金額較大，要達到你的止賺水平也較容易。較小的升幅，其利潤也會因為交易金額較大而增加。相反，遇上大單邊市，交易的金額可以減少，因為股價的升幅在單邊市中會較大。

而且最重要一點是，出現單邊市時，若你估錯方向，買入後股價急跌，在大單邊跌市中你的虧損也會較少。甚至你更有能力「坐倉」更長時間，因為股價的跌幅雖然較平常大，但你交易的金額卻較少，你實際的帳面虧損其實與平常差不多。可能你捱過了急跌的時間，股價在稍後出現反彈，反而這次交易變成有機會獲利。

要在 Trading View 寫這種策略也並不困難，大家學習後也可試試用這種方式修改你的交易策略，看看回報能否提高。

首先我們計算 ATR 的值。ATR 是真實波幅，若 ATR 擴大代表市場波幅擴大，那交易金額就應減少；相反，若 ATR 下跌則代表市況波幅收窄，交易金額就應較大。

看到以下的策略，入市及平倉的準則很簡單：

RSI(9) 由 30 以下升至 30 以下，但仍低於 50 便買入，
RSI(9) 跌至 10 或升至 70 便平倉。

當然這個不會是真實用作交易的策略，只是用作教 Pine Script 的例子：

```
//@version=5
strategy(" 根據波幅控制入市數量 ", margin_long = 10, margin_short = 10, overlay=true, initial_capital = 100000, pyramiding = 0, slippage = 2)
rs=ta.rsi(close,9)
atrValue=ta.atr(20)
riskper=input.float(50,title="riskper")
buyCond=ta.crossover(rs,30) and rs < 50
closebuyCond=rs > 70 or rs < 10
entryequity=(riskper/100)* strategy.equity
volatilitycal=atrValue*syminfo.pointvalue
posSize = math.floor(entryequity / volatilitycal)
entrySize=entryequity/volatilitycal
if buyCond
    strategy.entry("BUY", strategy.long, qty=posSize)
if closebuyCond
    strategy.close("BUY")
```

重點是以下幾句：

riskper=input.float(50,title="riskper") // 設定資金的 50%

entryequity=(riskper/100)* strategy.equity // 資金 X 50%

volatilitycal=atrValue*syminfo.pointvalue // ATR 的值 x 每格的金額

posSize = math.floor(entryequity / volatilitycal) // 將資金 50% 除以 (ATR 的值 x 每格的金額)。

這樣 ATR 的數值越大，買入金額就會較少；當 ATR 的數值越小，買入的金額則會較大。

而 math.floor 是將計算後的數字向下變成整數，例如答案是 5.4，就會變成 5。

然後在 strategy.entry 中要加上 qty=posSize

例如：strategy.entry("BUY", strategy.long, qty=posSize)

Contracts
17526
2376
16756

根據波幅控制入市數量

Overview　Performance Summary　List of Trades　Properties

Trade # ↓	Type	Signal	Date/Time	Price	Contracts	Profit	Cum. Profit	Run-up	Drawdown
3	Exit Long	Close entry(s) order BUY	2020-03-20 03:00	29.69 USD	17526	67 124.58 USD 14.81%	53 186.74 USD 78%	74 836.02 USD 16.51%	43 464.48 USD 9.59%
	Entry Long	BUY	2020-03-19 00:00	25.86 USD					
2	Exit Long	Margin call	2020-03-19 01:30	23.52 USD	2376	−5 559.84 USD −9.05%	−13 937.84 USD −6.07%	23.76 USD 0.04%	5 559.84 USD 9.05%
	Entry Long	BUY	2020-03-19 00:00	25.86 USD					
1	Exit Long	Margin call	2020-03-19 00:00	25.36 USD	16756	−8 378.00 USD −1.93%	−8 378.00 USD −8.38%	167.56 USD 0.04%	8 378.00 USD 1.93%
	Entry Long	BUY	2020-03-19 00:00	25.86 USD					

這個方法對設定很多 Daytrade 交易策略都十分有用。很可能一個簡單的策略，加上這個因應市場波幅改變倉位的準則後，回報便會有所不同。而且改變倉位的方法其實可以有更多，甚至平倉的部分也可以因應市場波幅而改變。

機構投資者管理倉位的方法

若看過筆者過往撰寫的個人書籍，也會知道一直強調交易不是容易的事情。同一樣的交易方法，只要不同的人去使用，結果也會不同，因為每個人承受壓力的能力及執行力皆不盡相同。

不過，有一種交易方法筆者頗為肯定，只要有人肯用，最後的結果都會十分接近，最終每個人都會破產，絕無例外。那就是用突破買入的方法配合不斷加注。最著名的例子有傑西．李佛摩及海龜交易法。但即使如傑西李佛摩般的傳奇人物，最後也要「輸身家」。

海龜交易法的創辦人 Richard Dennis 則因為有設置止蝕，才能保命，但在退休前仍輸了一半身家。其他成員中，有自稱是最成功的海龜成員之一的 Curtis Faith，最後也是破產收場。

Richard Dennis

The Once and Futures King

By DONALD R. KATZ

BUSINESS & INDUSTRY

RICHARD DENNIS
Commodities trader
Chicago, Ill.

但海龜的成員其實很有趣，他們也知道 Richard Dennis 教授的交易策略勝率本身很低，十次中平均只有三次是獲利的。獲利時又要不斷加注，但最初他們接受訓練時，由於資金是由 Richard Dennis 提供，那便只能照做。剛好遇上幾年大單邊升市或跌市，因此得以獲利。重點是當時若輸了，最多也只是失業，因為虧損的錢是 Richard Dennis 的。

但到了海龜訓練結束後，部分人確實有繼續使用 Richard Dennis 所教授的策略。不過，其實大部分人都作出了改良。既然明知道策略的勝率很低，要讓自己做交易時「舒服」一點，同時又有更大機會「保命」，他們在資金管理上確實設想過很多不同的準則。

入市策略方面，他們仍然採用突破買入的方法，例如當股價升穿保歷加通道頂部後便買入，然後一直持有，直至股價回落並跌穿保歷加通道中軸才離場。這樣做的目的是希望能賺盡整個升浪。但在這個過程中，他們「剔除」了不斷加注這一部分，因此壓力會相對減少。

不過，這還不是重點。入市的倉位也要因應市況作出調整。昨日我們學習了一些因應市場波幅改變倉位的策略。其實，昨日提及的改變倉位方法就是海龜成員最常使用的一種。筆者認為海龜交易策略雖然廣為人知，但真正值得參考的，其實就只有這個管理倉位的部分。

然而，要控制倉位並不只有這一種方法。以下的方法大家也可以參考一下，而且有很多基金確實至今仍在使用類近的方法來管理倉位，而其計算方式也十分簡單。

例如可參考以下的 Pine Script 寫法：

第一部分，先將收益波幅轉為年度化收益波幅：

```
annvol = 100*math.sqrt(365)*stdev/close
```

第二部分的 investpercent 則由個人決定：

```
Investpercent = input(15)
shares = (strategy.initial_capital * (investpercent / annvol)) / close
```

第三部分，計算應交易多少股份，再確定是否有足夠資金買入。這裡是假設沒有槓桿的情況：

```
levage = input(1)
maxcapital = strategy.initial_capital + strategy.netprofit
if ((shares * close) > levage * maxcapital)
    shares := levage * maxcapital / close
```

以上的語法中，strategy.initial_capital 代表本金，strategy.netprofit 代表已錄得的盈利。

其實這種方法還可以因應資金的變化再作調整，因為總資金會隨著連續盈利而增加，亦可能隨著連續虧損而減少。以上雖然只是筆者簡化了的過程，但交易時已很有用。

當然管理倉位的方法還可以有很多，甚至可以運用 AI 模型協助，至於如何運用 AI 模型則在課堂中再詳細講解。

用 Pine Script 寫綜合 Renko 圖與陰陽燭圖的交易策略

Renko 圖相信大家也聽過，就是市場上其中一種可以剔除「雜訊」的圖表類型。例如你覺得即市走勢中價格上落很少的時間根本沒有趨勢可言，這時候你若選擇入市，就很大機會出現「左一巴右一巴」的情況，就是買升又要止蝕，反手買跌又再止蝕，因為市場根本沒有趨勢，很多的技術指標在這時候其入市訊號都會出錯。

而 Renko 圖的畫法是，價格要變動至一定程度才會更新。在圖表上看 Renko 圖可以看到很多不同的「磚塊」，使用前要先設定每個「磚塊」的大小。

假設你把每個磚塊的大小設置為 2 元，價格每變動 2 元才會畫一個新的磚塊。若現在的價格是在 52 至 54 元的範圍，其後要畫新磚塊的條件有兩個：股價升穿 56 元，又或股價跌穿 50 元。若沒有出現這種情況，新磚塊不會形成。只有當價格升至 56 美元以上，例如 57 美元，新磚塊就會畫在 56 美元。畫法是每個塊都與前一個磚塊成 45 度角（向上或向下）。

但其實每個磚塊的大小除了可以設定為多少美元外，也可以設置為多少個「開市價、最高價、最低價與收市價的平均數」，還可以設定為多少個 ATR。最常見的就是用 ATR，因為不同價格的股票也可方便做比較。

很久之前其實筆者已在我們網頁中介紹過如何用 AmiBroker 自製 Renko 圖，若大家習慣了用 AmiBroker 也可參考一下：

https://www.quants.hk/%E7%94%A8amibroker%E8%87%AA%E5%88%B6renko%E6%8C%87%E6%A8%99/

不過，若是初學寫程式，應該看到以上的例子就覺得很難學，不過要用 Trading View 寫出來就簡單很多。

首先，Trading View 根本便可以直接在圖表上顯示 Renko 圖，根本不用自行製作，不同 timeframe 的 Renko 圖也可選擇，甚至你想看 Renko 圖的秒圖也可以。

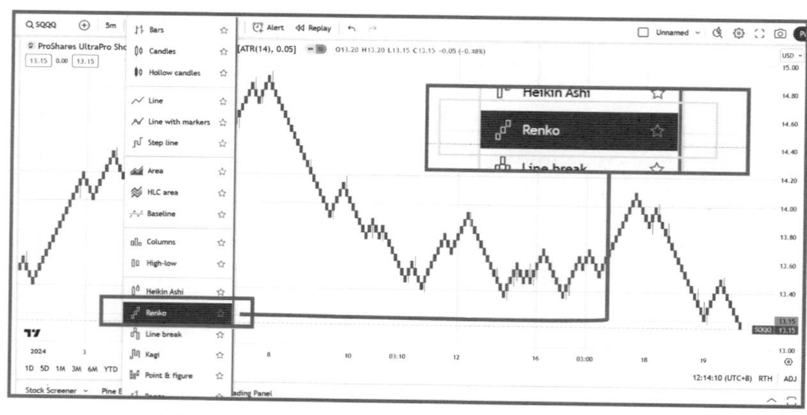

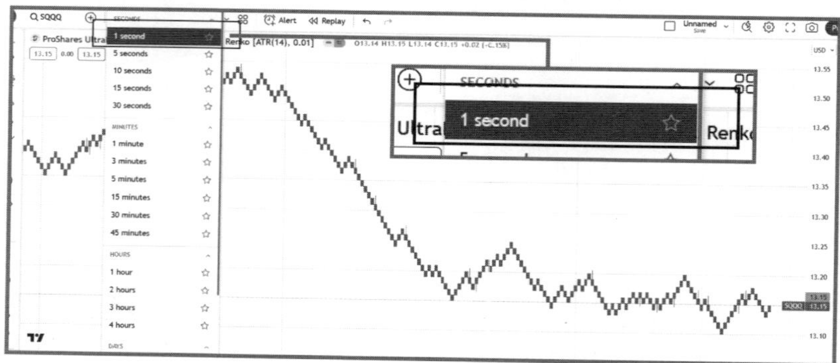

那既然 Trading View 已經內置了 Renko 圖，那還要寫甚麼？

要寫的就是利用 Renko 圖的數值變化來設計交易策略。例如，在一個 5 分鐘陰陽燭的圖表上，我想加上 Renko 圖的變化來作入市訊號，要在 Trading View 寫出來也非常簡單。

首先我們要運用 ticker.renko() 這個 function。要用這個 function，() 內就要寫明 Renko 圖的變化是用 ATR 來計算，這也是最常用的一種，然後你要用的 Renko 圖究竟要幾多個 ATR 才會代表由升轉跌，或由跌轉升。

例如你想現時的價格上升三個 ATR 便再多畫一個代表上升的 Renko，相反，若現時的價格下跌達三個 ATR 就畫一個代表下跌的 Renko，那參數便設定為 3。

以下便是例子：

```
renkoLength=input(3,title="RenkoLength")
renkoValue=ticker.renko(syminfo.tickerid,'ATR',renkoLength)
```

這樣 renkoValue 便代表了 Renko 圖的數值。

然後我想要每個 Renko 的開市價及收市價，就可以運用 request.security 這個 function。

```
renkoclose=request.security(renkoValue,timeframe.period,close)
renkoopen=request.security(renkoValue,timeframe.period,open)
```

大家可以記回筆者已教過的，我們要在 15 分鐘圖找出 MACD 的 1 分鐘圖的數值，那我們第一個步驟自然要先用 MACD 的 function 找出 MACD 的數值：

```
[MacdLine, MacdSignalLine, MacdHistogram]=ta.macd(close,12,26,9)
```

這個步驟與我們用 Renko 的內置 function 找出 Renko 圖的數值十分近似。

然後我們要找出 MACD 的各項數值，例如快線、慢線等的數值也是要用 request.security 這個 function。

而我們要找出 Renko 圖的開市價及收市價也是用 request.security 這個 function，過程也十分近似。

明白了這兩個步驟後，之後要計算便十分容易。

然後筆者想把 Renko 圖的收市價高於開市價或收市價低於開市價這兩種情況分辨出來，寫法如下：

```
var float renkoValuecal = na
if renkoclose > renkoopen
renkoValuecal := 1
else if renkoclose < renkoopen
renkoValuecal := -1
```

這代表了收市價比開市價高給它數值為 1，相反，若收市價比開市價低就給它數值為 -1。可以想像成 Renko 圖出現「陽燭」就代表是 +1，相反，若出現陰燭就代表了 -1。

這樣做是為了方便之後寫交易策略時較容易去計算，因為筆者想寫的入市準則是 Renko 圖由陰燭變成陽燭時便買入，若 Renko 圖由陽燭變成陰燭時就造淡。由於 Renko 圖已剔除了很多市場的「雜訊」，若由陰燭變成陽燭可能代表了一個新升浪的開始，或由陽燭變成陰燭則代表了一個新跌浪的開始。

不過，筆者再加上一些準則：買入時必需沒有任何倉位，而且RSI(9)的數值要低於50，入市後當RSI(9)的數值升至70便平倉；而造淡時也必需沒有任何倉位，而且RSI(9)的數值必需高於50，入市後RSI(9)的數值跌至30便平倉。

整個完整的策略如下：

```
// @version=5
strategy("RenKo chart strategy", overlay=true, margin_long=100, margin_short=100)
renkoLength=input(3,title="RenkoLength")
renkoValue=ticker.renko(syminfo.tickerid,'ATR',renkoLength)
renkoclose=request.security(renkoValue,timeframe.period,close)
renkoopen=request.security(renkoValue,timeframe.period,open)
rs=ta.rsi(close,9) noposition=strategy.position_size==0
var float renkoValuecal = na
if renkoclose > renkoopen
renkoValuecal := 1
else if renkoclose < renkoopen
renkoValuecal := -1
buyCond=renkoValuecal[1] < 0 and renkoValuecal > 0 and noposition
buyCond2=rs < 50
buyCloseCond=rs > 70
shortCond=renkoValuecal[1] > 0 and renkoValuecal < 0
shortCond2=rs > 50
shortCloseCond=rs < 30
```

```
if buyCond
    strategy.entry("BUY", strategy.long)
if shortCond
    strategy.entry("SHORT", strategy.short)
col = renkoclose > renkoopen ? color.red : color.blue
plot(renkoopen, title="Renko Open", style=plot.style_line, linewidth=2, color=col)
```


最後的部分是想將 Renko 圖的變化同步顯示在主圖表上的陰陽燭圖中。

大家可以看到，Renko 圖在即市交易時會有一定參考價值。當 Renko 圖由陰燭變成陽燭，又或由陽燭變成陰燭時，確實有機會是即市中的新升浪或跌浪出現的時間。

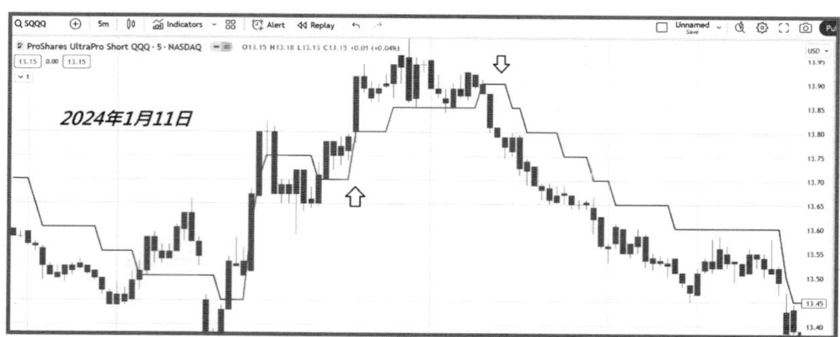

但問題是，有些 Renko 圖的訊號仍然存在「雜訊」，在遇上上落市時，Renko 圖的訊號出現過多。

但以上的策略只是給大家去學習如何把 Renko 圖的變化融入交易策略中，大家也可以試試作更多的修改。

例如：

1） 每天只交易一次會否更好？

2） 每天只在上半段或下半段時段做交易又會否更好？

3） 加上其他的指標，多重確認升勢或跌勢時才運用 Renko 圖的變化入市？

4） 當日裂口高開或低開會否影響 Renko 圖入市訊號的準確程度？

5） Renko 圖在以上例子中設定了轉變三個 ATR 才會轉變，將三個 ATR 改為更多或更少會否影響結果？

Renko 圖在即市交易中其實很有用的，特別是交易期指或一些槓桿 ETF 等。由於每天的走勢存在大量的「雜訊」，用 Renko 圖把這些「雜訊」剔走後，便變得更容易去分析。

如何用 Pine Script 寫利用 Pre-market 數據的 Daytrade 策略

自 2023 年尾開始，我們的課程改為專門教 Trading View 及 Python，其後看到有些學員由完全新手變成開始識用 Trading View 寫自己的策略，其實自己幾開心的，成功感較過去教 AmiBroker 時大，可能 Trading View 真的較適合新手去學習。

其實只要真的十分熟習 Pine Script 的語法，大家也會發現 MulitChart 的 Power Language 其實也十分相似，也會變得很容易去學。

這篇想講解的是有關利用 Pre-market 數據的問題，在 AmiBroker 要看 Pre-market 的數據其實不算太方便，至少提供數據方需要有這些數據，然後你要再導入程式中，但 Trading View 就只要在圖表上做設定便可以。

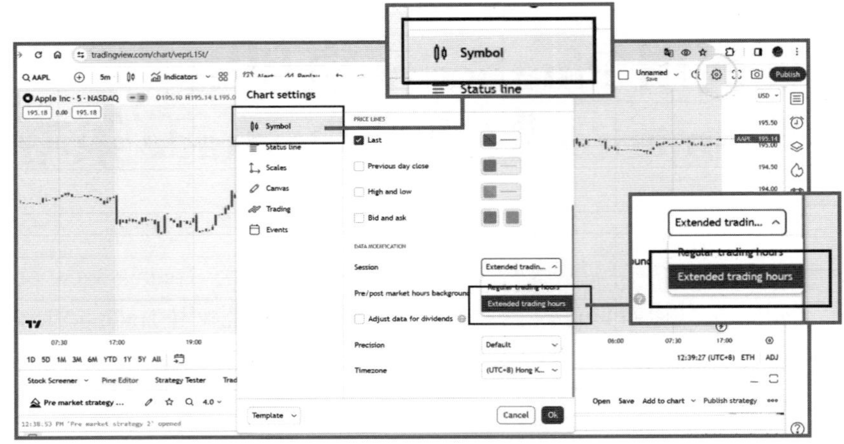

在主圖表的右上角可看到「設定」的按鈕，點擊後再選「Symbol」，然後可看到「Pre/post market hours background」的選項，再點選「Extended trading hours」便可以。

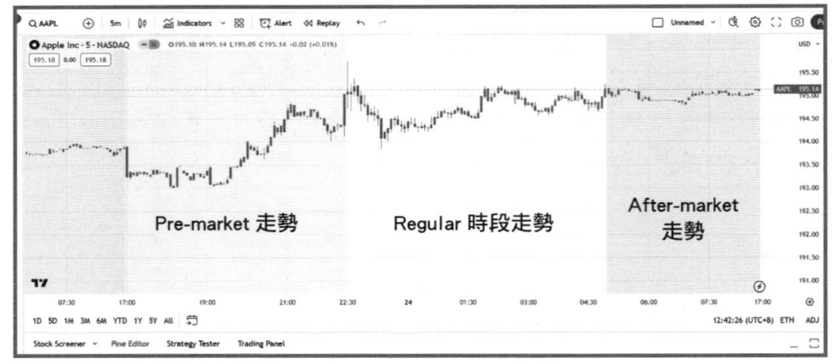

完成設定後，圖表上便可清楚看到「Pre-market」、「Regular 時段」及「After-market」的走勢，而且會有顏色去區別。但 Trading View 的官網也有告訴大家，若有些產品點擊後沒有出現改變，那就是 Trading View 沒有提供這些數據，那就只能從其他

來源來導入數據，例如 Interactive Broker。

不過，美股的「Pre-market」及「After-market」數據是必定會有提供的，而且炒美股最大的好處就是可以分析這些數據。假設現在是美股的冬令時間，開市時間是 10:30（UTC-5 9:30），但在開市前半小時的 Pre-market 時段，很多熱門股份的交投量已在大幅增加，透過分析這時段的走勢，可以提高很多 Daytrade 策略的準確程度。

要用 Trading View 寫這類策略也很容易，我們只需以下幾句語法幫助：

1） t = ticker.new("NASDAQ", "AAPL", session.extended)

t 是自己給的名稱，ticker.new 這個 function 是協助大家拿取 extended 交易時段（包括「Pre-market」及「After-market」）的數據的，需要輸入交易市場、交易代碼及最後加上 session.extended。

2）當拿取 extended 交易時段的數據後，需要再用 request.security 告訴 Trading View 你要拿取哪種數據，是 extended 交易時段某股票的最高價、收市價，還是其他技術指標的數值？

```
extendedAppleData = request.security(t, timeframe.period, close, barmerge.gaps_on)
```

extendedAppleData 是自己給的名字，t 是第一步驟中代表了 Apple 的數據，timeframe.period 代表沿用圖表的時間間隔，例如用 5 分鐘圖，而 close 就是代表你想拿取收市價的數據，barmerge.gaps_on 則代表不計算裂口，這可方便畫圖時更容易觀察。

假設想寫一個策略，若 Apple 在 Regular 時段開市前半小時內，它的 RSI(9) 曾經跌穿 30 又重返 30 這個「超賣區」之上便入市，當 RSI(9) 升至 90 或跌至 10，又或時間到了 Regular 時段已超過半小時便沽出離場。

這個策略請先在圖表上將時間改為（UTC-5 New York）

用 pine script 的寫法如下：

```
//@version=5
strategy("extended hour strategy 1", overlay=true, margin_long=100, margin_short=100)
timeAllowed = input.session("0900-1000", "Allowed hours")
daysAllowed = input.string("23456")
timeIsAllowed = time(timeframe.period, timeAllowed + ":" + daysAllowed)
rs=ta.rsi(close,9)
t = ticker.new("NASDAQ", "AAPL", session.extended)
tr=input.timeframe("D","timeframe")
extendedAppleRSI= request.security(t,timeframe.period,rs)
buyCond =ta.crossover(extendedAppleRSI,30)
closeCond=rs<10 or rs>90
if timeIsAllowed and buyCond
    strategy.entry("LONG",strategy.long)
```

```
if not timeIsAllowed or closeCond
    strategy.close("LONG")
```

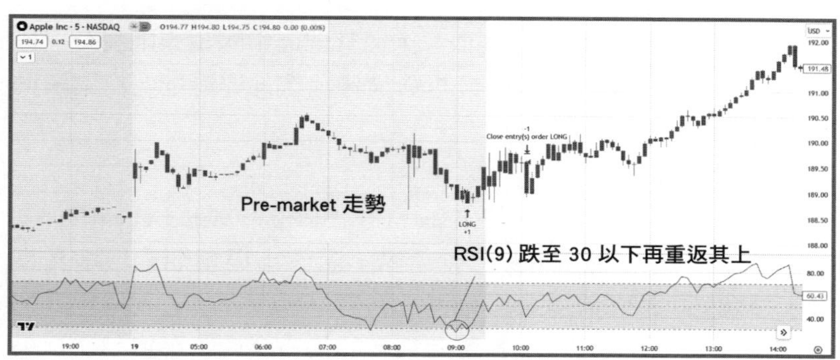

由於 extended 交易時段包括了「Pre-market」及「After-market」時段，故此先設定一個 session 界定只有某段時間出現 RSI(9) 跌至 30 再重返其上的入市條件，然後當超過這個時段便會沽出離場。

這個策略十分簡單，主要是學習如何可以拿到 Pre-market 時段的數據。雖然這個策略用了 Apple，但其實 Pre-market 時段最值得留意的是同時在香港及美國上市的股份。首先筆者在其他書籍也有提及過，例如阿里巴巴（US:BABA）、京東（US:JD）等，其實都十分喜歡在美股 Pre-market 時段公佈業績。

業績好壞我們當然不可能預早估計得到，因為很多時候業績的結果都可能超出預期。但可能是中國企業的特性，只要老闆在發表「偉論」，談論今次業績有多好的時間，都不太希望股價會下跌。即使業績並不太好，只要在老闆會見媒體時都要「托一托」，那但凡有在美國上市的中國企業在業績公佈當日，其實都可在 Pre-market 時段短炒一轉。

這樣的特性其實已存在很久，但其他非中國企業則沒有這種特性。反而是業績前已與各分析員溝通，讓外界清楚明白業績增長或倒退的原因。

另其他非中國企業，如 Tesla（US:TSLA）、Meta（US:META）等，都習慣在 After-market 公佈業績。若然市場預期業績增長良好，這類熱門股份在業績公佈前都會有一輪急升。若利用程式把握這些機會入市，每季其實都有很多的入市機會。單單用這招來炒業績，其實回報已可能比每天強迫自己入市更好。

如何用 Pine Script 寫自動更新 Extended 交易時段高低位的指標

上一篇文章講解了運用 extended 交易時段的 Daytrade 策略。若大家初次接觸這類策略，又或初次用 Pine Script 寫這類策略，一般都會有以下問題：

1）可否在圖表上自動劃上 Pre-market 的高位及低位？但高位及低位要根據圖表的 timeframe 變化的，若 Pre-market 未開始則以 After-market 的高低位代替。

2）若用 5 分鐘圖，就是把 Pre-market 每個 5 分鐘高位作比較，再找出當中最高價便是 Pre-market 的高位。但若用 15 分鐘圖，那就用 Pre-market 每個 15 分鐘高位作比較，再找出高位。

3）若用日線圖，也要在圖表上顯示 Pre-market 的高位，但在日線圖則用 Pre-market 每個 1 分鐘高位作比較，再找出高位。

4）同樣的比較方法再畫出 Pre-market 的低位。

首先，每個 5 分鐘高位與每 15 分鐘的高位其實收市後也是一樣的，但若指標用作即市中使用則會有所不同。相信你是希望運用 real time data 作即市交易時可以參考 Pre-market 的高低位。

至於要求 Pre-market 未開始則以 After-market 的高低位代替，那便創建一個 session 由美國時間凌晨 4 點到明天早上 9 點半便可以。

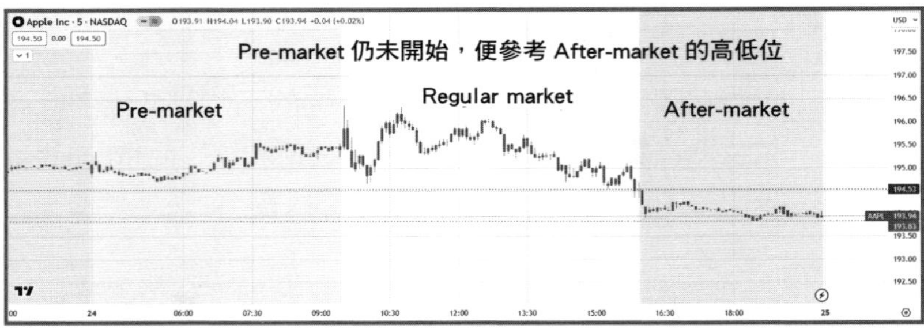

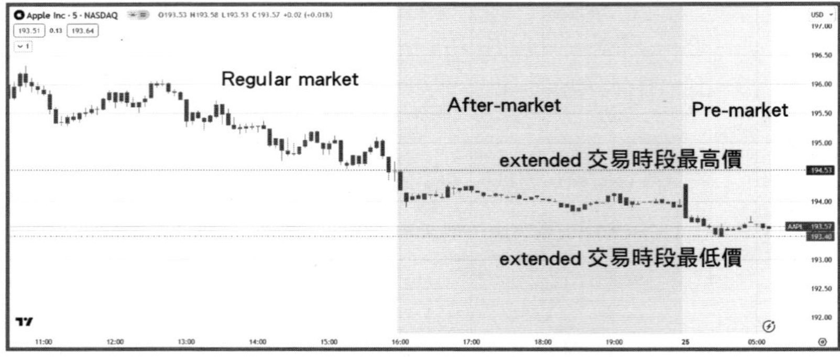

答案如下：

```
//@version=5
indicator(' 畫 Premarket high 及 low ', overlay=true, precision=2)

ExtendedTimeAllowed = input.session('1600-0930', 'Extended Session')
ExtendedTime = time(timeframe.period, ExtendedTimeAllowed)

var float ExtendHigh = na
var float ExtendLow = na

if na(ExtendedTime)[1] and not na(ExtendedTime)
    ExtendHigh := high
    ExtendLow := low

if not na(ExtendedTime)
    ExtendHigh := high > ExtendHigh ? high : ExtendHigh
    ExtendLow := low < ExtendLow ? low : ExtendLow

ticker = ticker.new(syminfo.prefix, syminfo.ticker, session.extended)

extendHigh2 = request.security_lower_tf(ticker, '1', high)
extendLow2 = request.security_lower_tf(ticker, '1', low)

MaxHigh = array.max(extendHigh2)
MaxLow = array.min(extendLow2)
```

```
float ExtendedMax = 0.0
float ExtendMin = 0.0

if timeframe.isintraday
   ExtendedMax := ExtendHigh
   ExtendedMin := ExtendLow
else
   ExtendedMax := MaxHigh
   ExtendedMin := MaxLow

plot(ExtendedMax, 'Extended Session High', color.blue, 2, plot.style_circles, true, offset=-9999)
plot(ExtendedMin, 'Extended Session Low', color.red, 2, plot.style_circles, true, offset=-9999)
```

以上答案應大部分人也能明白，其他未見過的部分可看以下解釋：

1） ticker = ticker.new(syminfo.prefix, syminfo.ticker, session.extended)
可以用這個方法去應對圖表的 timeframe 來取得 extended 交易時段的數值。

2） request.security_lower_tf(ticker, '1', high)
作用與 request.security 差不多，但 request.security_lower_tf 可以直接取得更細 timeframe 的數值，例如在 5 分鐘圖上拿 1 分鐘圖的數值。

3） 由於 request.security_lower_tf 等同組建了一個 array，答案中有兩個 array，分別是 extendHigh2 及 extendLow2。然後我們可以運用 array.max 及 array.min 計算出 array 中的最大值及最小值，代表了 Pre-market 的最高價及最低價。

4） timeframe.isintraday 代表要確定現在的主圖表是否為 intraday 圖表，例如 5 分鐘圖、15 分鐘圖等。答案中界定了若非 intraday 圖表，就會用 Pre-market 的 1 分鐘數據取最高價及最低價。

5） plot 的部分加上 offset=-9999 是為了讓創出新高或新低價時，畫出的線不會與上一個高位或低位的線分隔開。

可以看看以下圖，若沒有加上 offset=-9999 這句，以上答案繪畫出的線會是這樣的：

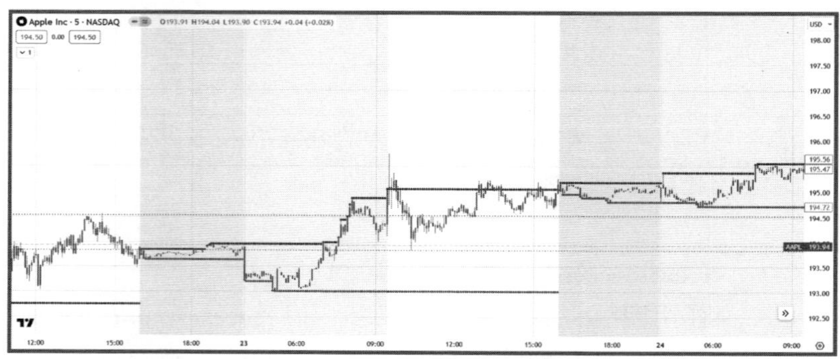

如何用 Pine Script 寫突破指定時間高低位的 Daytrade 策略

當大家學習了 Pine Script 一段時間後，都會遇到一個比較深入的問題。例如用 Python 或其他語言時，很多時候都會運用「for loop」的寫法，當希望不斷循環去計算時，這種寫法十分方便，但在 Pine Script 的例子中卻較少看到。

其實 Trading View 的官網也有提出一點，很多 Programmer 可能會不習慣使用 Pine Script，因為在很多情況下他們已習慣使用 for loop，但 Pine Script 其實大部分時間也不需要。

以下便是 Trading View 官網的說明：

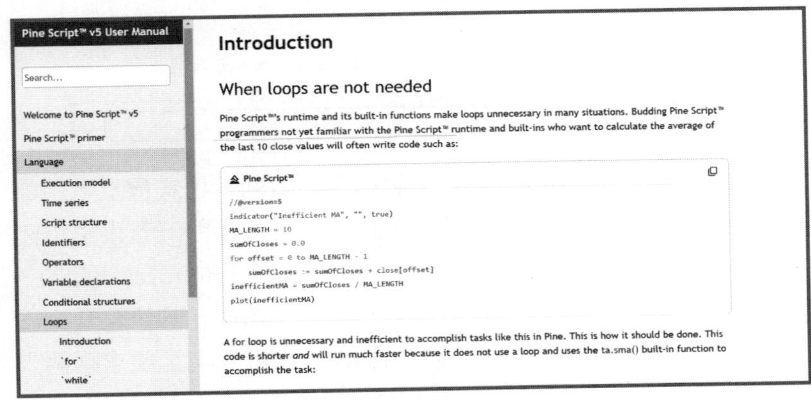

Pine Script™ v5 User Manual

Search...

Welcome to Pine Script™ v5
Pine Script™ primer
Language
Execution model
Time series
Script structure
Identifiers
Operators
Variable declarations
Conditional structures
Loops
Introduction
`for`
`while`

Introduction

When loops are not needed

Pine Script™'s runtime and its built-in functions make loops unnecessary in many situations. Budding Pine Script™ programmers not yet familiar with the Pine Script™ runtime and built-ins who want to calculate the average of the last 10 close values will often write code such as:

Pine Script™

```
//@version=5
indicator("Inefficient MA", "", true)
MA_LENGTH = 10
sumOfCloses = 0.0
for offset = 0 to MA_LENGTH - 1
    sumOfCloses := sumOfCloses + close[offset]
inefficientMA = sumOfCloses / MA_LENGTH
plot(inefficientMA)
```

A for loop is unnecessary and inefficient to accomplish tasks like this in Pine. This is how it should be done. This code is shorter *and* will run much faster because it does not use a loop and uses the ta.sma() built-in function to accomplish the task:

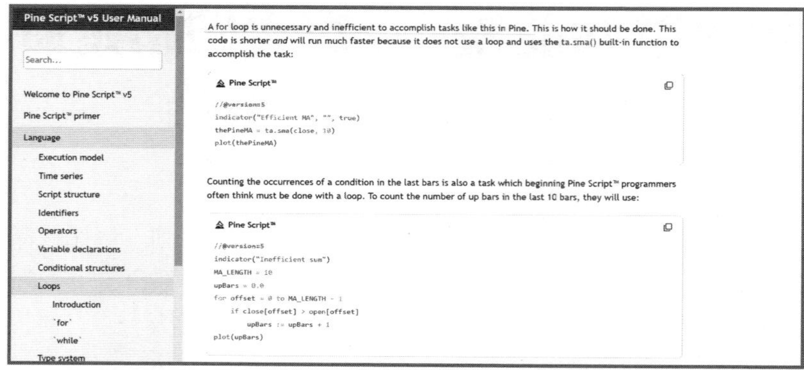

Pine Script™ v5 User Manual

Search...

Welcome to Pine Script™ v5
Pine Script™ primer
Language
Execution model
Time series
Script structure
Identifiers
Operators
Variable declarations
Conditional structures
Loops
Introduction
`for`
`while`
Type system

A for loop is unnecessary and inefficient to accomplish tasks like this in Pine. This is how it should be done. This code is shorter *and* will run much faster because it does not use a loop and uses the ta.sma() built-in function to accomplish the task:

Pine Script™

```
//@version=5
indicator("Efficient MA", "", true)
thePineMA = ta.sma(close, 10)
plot(thePineMA)
```

Counting the occurrences of a condition in the last bars is also a task which beginning Pine Script™ programmers often think must be done with a loop. To count the number of up bars in the last 10 bars, they will use:

Pine Script™

```
//@version=5
indicator("Inefficient sum")
MA_LENGTH = 10
upBars = 0.0
for offset = 0 to MA_LENGTH - 1
    if close[offset] > open[offset]
        upBars := upBars + 1
plot(upBars)
```

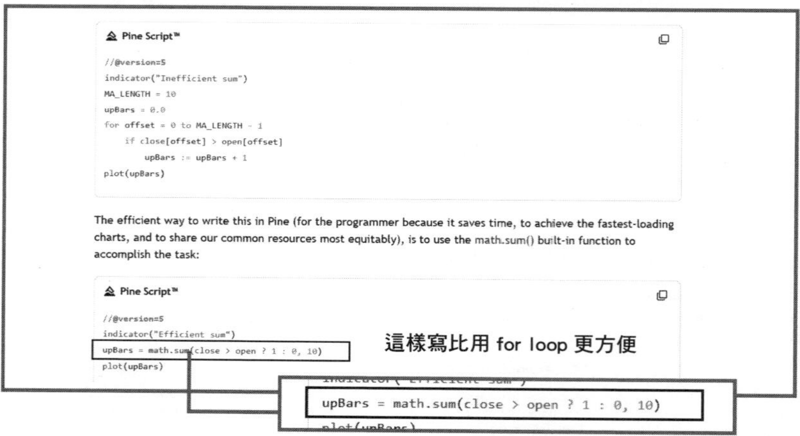

Pine Script™

```
//@version=5
indicator("Inefficient sum")
MA_LENGTH = 10
upBars = 0.0
for offset = 0 to MA_LENGTH - 1
    if close[offset] > open[offset]
        upBars := upBars + 1
plot(upBars)
```

The efficient way to write this in Pine (for the programmer because it saves time, to achieve the fastest-loading charts, and to share our common resources most equitably), is to use the math.sum() built-in function to accomplish the task:

Pine Script™

```
//@version=5
indicator("Efficient sum")
upBars = math.sum(close > open ? 1 : 0, 10)
plot(upBars)
```


所謂 for loop 就是給程式一個指定的範圍，程式會不斷循環去分析每一支 Bar 究竟是否符合所設定的入市條件。若大家是使用 AmiBroker，其實 for loop 是必需的。因為用 AmiBroker 策略時，若同時有幾個入市條件，例如裂口低開後，MACD 的快線升穿慢線便買入，但若不使用 for loop，AmiBroker 實際上是要求兩個入市條件是「同時」發生的。意思就是開市第一支 Bar 又要裂口低開，又要 MACD 的快線升穿慢線，但這很明顯不是我們需要的。要將入市條件「分開」便要使用 for loop。

不過，使用 Trading View 的 Pine Script 時就沒有這個問題，可以看到 Trading View 的官網也有提及，用 ? : ternary operator 會比使用 for loop 更有效，而且更加容易書寫，因此 ternary operator 的用法大家就必需熟習。

以下使用了一個簡單的例子，就是希望大家能進一步熟習使用 ternary operator。

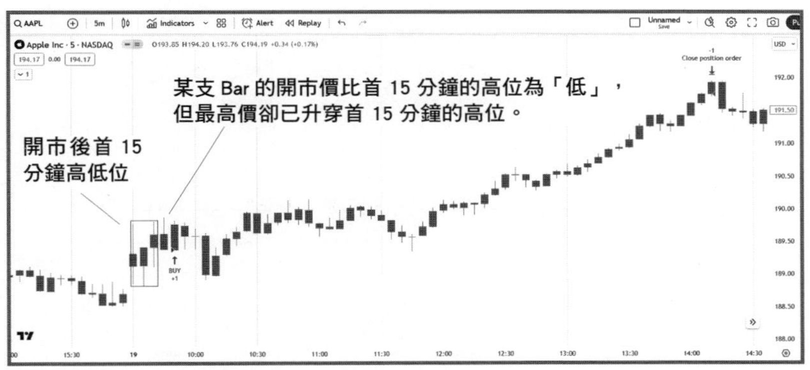

先找出每日開市後首 15 分鐘的高位及低位。當某支 Bar 的開市價比首 15 分鐘的高位為「低」，但最高價卻已升穿首 15 分鐘的高位時，便會入市買入。但入市前要確定這支 Bar 沒有比首 15 分鐘的高位高出達 1%。其後，當某支 Bar 的最高價比首 15 分鐘的高位高出超過 1% 時便會平倉。

有些學員可能會立即想到用 request.security 拿取 15 分鐘圖表的高位及低位，然後升穿便買入便可以。但若用 request.security，還需要再進一步界定是每日的第一支 Bar，當然大家可以用已教過的方法，加上 dayofmonth != dayofmonth[1] 這個條件便可以。

但若問題是日後要把首 15 分鐘的高低位改為開市中段某 15 分鐘內的高低位，那就需要大量修改。

其實用以下的寫法會更方便，大家也可參考一下，同時可熟習運用 ternary operator。

答案如下：

```
//@version=5

strategy("突破首15分鐘高位買入",overlay=true,margin_long=100,margin_short=100)

sess=input.session("0930-0945:23456",title="first session")

t=time(timeframe.period,sess)

time_cond=na(t)?0:1

h=0.0
l=0.0

h:=time_cond and not time_cond[1]?high:time_cond and high>h[1]?high:h[1]
l:=time_cond and not time_cond[1]?low:time_cond and low<l[1]?low:l[1]

buyCond=open<h and high>h and high<h*1.01
```

```
closeCond = high > h * 1.01

if buyCond
    strategy.entry("BUY",strategy.long)

if closeCond
    strategy.close_all()
```

可以看到先創建一個 session，日後要修改這個時間也很方便。然後重點要留意的是：

h :=time_cond and not time_cond[1]?high:time_cond and high>h[1]?high:h[1]

筆者將每部分分拆出來講解：

- time_cond and not time_cond[1] 就是剛進入了要求的時間，用 Pine Script 時經常會用這類語法。
- 若剛進入指定時間，? high 代表 h 的值將會先是最初的最高價。
- time_cond and high>h[1]?high:h[1] 則代表了進入指定時間後，若最高價大於 h 當時的數值，則用最新的最高價替代 h 當時的數值。
- 若沒有出現最高價大於 h 當時數值的情況，則沿用 h 本來的數值。

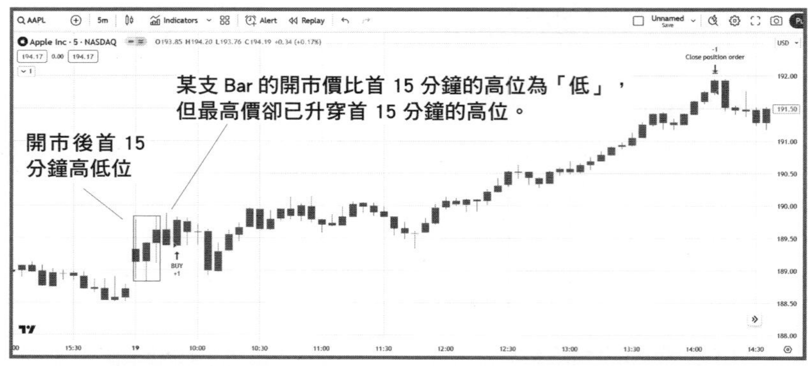

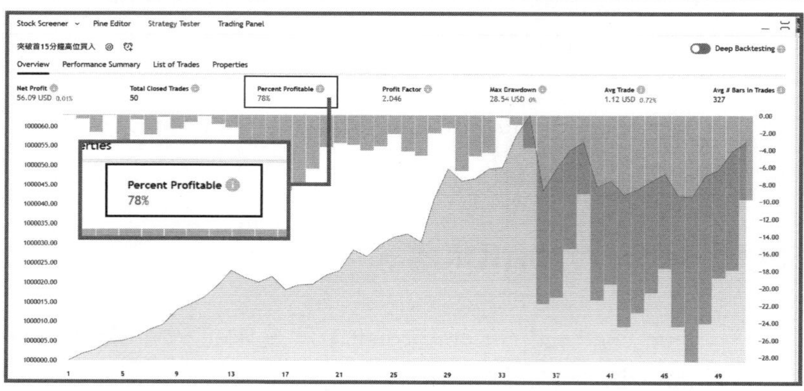

熟習了這種寫法後，日後要寫很多交易策略也會較容易。另外，大家可以看到，即使用這個簡單的交易策略來 Daytrade，結果其實並不太差。勝率有達 78%。

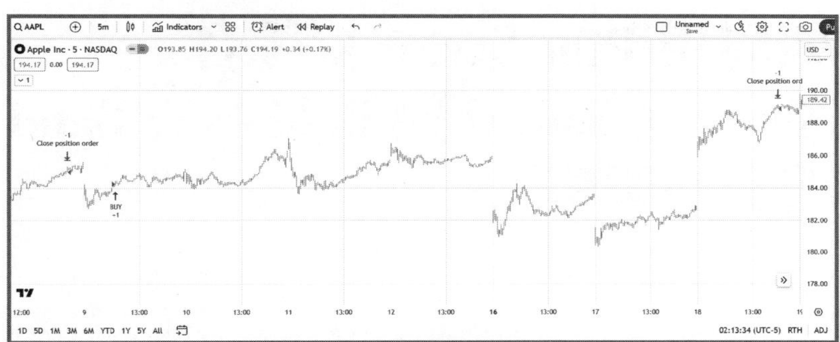

但大家要留意，若這樣寫的話，不一定會即日平倉。如下圖所示，有些日子是會持倉達數個交易日。原因是這樣寫的平倉準則實際上是要高於當日首 15 分鐘最高價達 1% 才平倉。若入市當日沒有達成這個條件，那就會用下一個交易日首 15 分鐘的最高價作參考，若下一個交易日內能升穿首 15 分鐘的最高價才會平倉，若仍未達到指定條件，則會延至再下一個交易日。

但很明顯這也不是我們所期待的 Daytrade 策略。那大家可自行試試加上「即日平倉」、「每日只炒一次」或「每日只炒兩次」、「虧損達到某個水平便止蝕」等準則，這些應該現在大家看完這書後都已懂得。

如何用 Pine Script 寫綜合 Keltner Channel 與 Bollinger's Band 的交易策略

曾經收過有一位學員的問題是有關 Keltner Channel 的，他就是想知道市場上有很多人說它比 Bollinger's Band 好用，究竟哪個才較好用？但筆者認為，所謂好用與否，其實根本只是視乎你的策略是怎樣，並沒有哪個指標一定比另一個好。

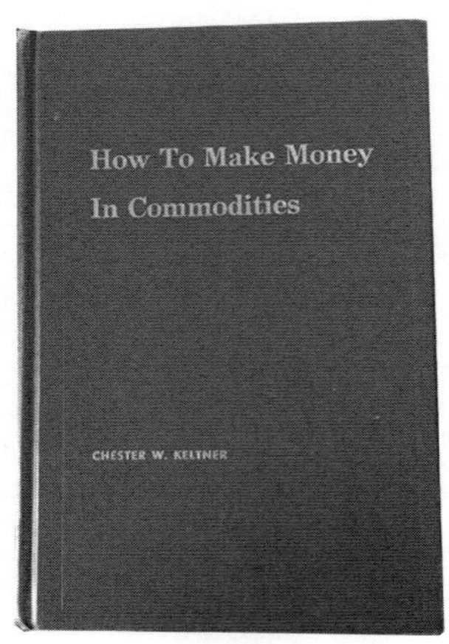

研發 Keltner Channel 的人名叫 Chester W. Keltner，他在 1960 年寫過一本名為《How to Make Money in Commodities》的書。但請不要弄錯，2013 年有一本名為《How to Make Money with Commodities》的書不是他寫的，作者是 Andrew T. Hecht。

早年，其實很多技術指標都非常有用，因為當時根本未有電腦，使用技術指標的人也不多。有些當年的專家便根據自己的經驗對平均線等作出修改，而 Chester W. Keltner 便是其中之一。他在書中曾提及自己特別喜歡用 10 日平均線，價格高於 10 日平均線就代表看好，價格低於 10 日平均線就代表看淡。這些準則現在我們每個人都懂，但在 1960 年確實很多人並不知道。

後來，Chester W. Keltner 接觸到 Wilder 所發明的平均真實波幅（ATR），就好像發現了新大陸一樣，覺得終於找到了最厲害的招式。他將平均線加上 ATR 當作是 Keltner Channel 的頂部，只要突破這個頂部，就有機會出現大單邊升市；相反，將平均線減去 ATR 可當作是 Keltner Channel 的底部，只要跌穿底部，也有機會出現大單邊跌市。

後來，有些人把 Keltner Channel 改良，公式變成：

Basis = 20 Period EMA

Upper Envelope = 20 Period EMA + (2 × ATR)

Lower Envelope = 20 Period EMA - (2 × ATR)

Keltner Channel 的中軸用上 20 日的 EMA，中軸再加上 2 個 ATR 便是頂部，中軸減去 2 個 ATR 則是底部。

這個公式其實與 Bollinger's Band 很相似，因為 Bollinger's Band 是以 20 日 SMA 加上 2 個標準差作為頂部，20 日 SMA 減去 2 個標準差作為底部。原理也與 Keltner Channel 類似，所以很多人會將這兩個指標作比較。

但有點奇怪的是，兩個指標的原創者其實都表示，當價格升穿頂部時，是升浪開始的時間；跌穿底部，則是跌浪開始的時間。然而，在實際運用時，卻有大量的人將兩個指標的頂部視為阻力，或視之為造好的目標價。同樣地，也會將兩個指標的底部視為支持，或作為造淡的目標價。

其實 Chester W. Keltner 運用他自創的 Keltner Channel，用法有點像「海龜法則」，就是只有在單邊市時入市。勝率可能只有兩至三成，但遇上單邊市時就要賺盡。

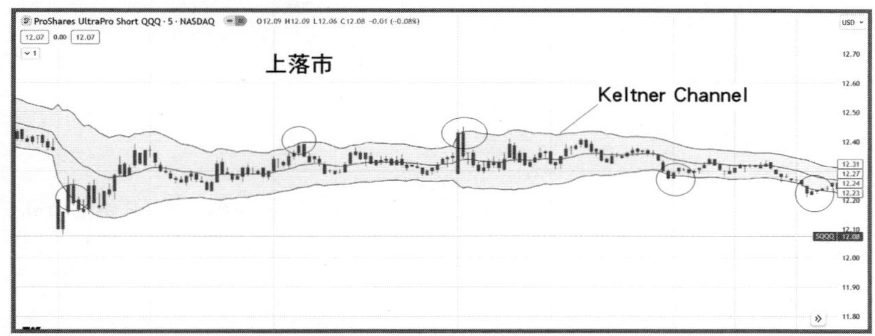

不過，市場上大多數時間是上落市，所以才會有人覺得 Keltner Channel 的頂部應是阻力，底部應是支持。近年來，筆者發現開始有很多人會將 Keltner Channel 與 Bollinger's Band 綜合運用。要用 Pine Script 寫這類策略也十分容易。

首先，Keltner Channel 是 Trading View 的內置指標，預設設定是用 20 日 EMA 再加上一個參數為 10 的 ATR 作為頂部，20 日 EMA 減去一個參數為 10 的 ATR 作為底部：

```
length = input.int(20, minval=1)
mult = input(2.0, "Multiplier")
src = input(close, title="Source")
exp = input(true, "Use Exponential MA")
BandsStyle = input.string("Average True Range", options = ["Average True Range", "True Range", "Range"], title="Bands Style")
atrlength = input(10, "ATR Length")

esma(source, length)=>
   s = ta.sma(source, length)
```

```
    e = ta.ema(source, length)
    exp ? e : s

ma = esma(src, length)
rangema = BandsStyle == "True Range" ? ta.tr(true) : BandsStyle == "Average True Range" ? ta.atr(atrlength) : ta.rma(high - low, length)
upper = ma + rangema * mult
lower = ma - rangema * mult
```


以上是 TradingView 已有的版本，直接 copy 即可使用。當運用 Keltner Channel 寫策略時，就直接用 upper 及 lower，例如 high > upper 就代表最高價升穿 Keltner Channel 頂部，這非常簡單。

我們再試試寫一個綜合 Keltner Channel 與 Bollinger's Band 的交易策略：

買入準則：

1. 本日 5 分鐘圖的第一支 Bar 的最低價高於上日最後一支 Bar 的最高價。
2. Bollinger's Band 的底部由處於 Keltner Channel 底部之下，回升至 Keltner Channel 底部之上。

但在出現以上兩個買入準則後，會待價格低於發生以上兩個準則時的最低價再低 10「格」才會入市。

平倉準則：

當最高價升至 Bollinger's Band 頂部的 0.995 時便平倉。因為很多時候，價格可能根本未升至 Bollinger's Band 頂部便開始逆轉，故此設定為升至 Bollinger's Band 頂部的 0.995 便平倉，例如 Bollinger's Band 頂部是 2 元，那就代表升至 2 × 0.995 = 1.99 元便會平倉。另外，由於是 Daytrade 策略，會設定為收市前 5 分鐘必須平倉。

以下是用 Pine Script 寫的策略：

```
//@version=5
strategy("keltner channels strategy", overlay=true, margin_long=100, margin_short=100)

length = input.int(20, minval=1)
mult = input(2.0, "Multiplier")
src = input(close, title="Source")
exp = input(true, "Use Exponential MA")
BandsStyle = input.string("Average True Range", options = ["Average True Range", "True Range", "Range"], title="Bands Style")
atrlength = input(10, "ATR Length")

esma(source, length)=>
   s = ta.sma(source, length)
   e = ta.ema(source, length)
   exp ? e : s

ma = esma(src, length)
rangema = BandsStyle == "True Range" ? ta.tr(true) : BandsStyle
```

```
== "Average True Range" ? ta.atr(atrlength) : ta.rma(high - low, length)

    upper = ma + rangema * mult
    lower = ma - rangema * mult

    change5minhigh=ta.valuewhen(ta.change(time("5")),high,0)
    change5minlow=ta.valuewhen(ta.change(time("5")),low,0)

    var float firstbarhigh = 0
    var float lastbarhigh=0
    var float last2barhigh=0
    var float firstbarlow=0
    var float lastbarlow=0
    var float last2barlow=0
    var bool opentrade = false

    if dayofmonth[1]!=dayofmonth
        firstbarhigh:=change5minhigh
        lastbarhigh:=change5minhigh[1]
        last2barhigh:=change5minhigh[2]
        firstbarlow:=change5minlow
        lastbarlow:=change5minlow[1]
        last2barlow:=change5minlow[2]

    sma20=ta.sma(close,20)
    bmult=ta.stdev(close,20)
    bupper=sma20+2*bmult
```

```
blower=sma20-2*bmult

buyCond1= firstbarhigh<lastbarlow
buyCond2= ta.crossover(blower,lower)

closebuyCond=high>bupper*0.995 or time_close>timestamp(year, month, dayofmonth,15,50)

if buyCond1 and buyCond2 and not opentrade
    strategy.entry("BUY",strategy.long, limit=low-10*syminfo.mintick)
    opentrade:=true

if ta.barssince(ta.crossover(lower,blower))==5 or time_close>timestamp(year, month, dayofmonth,15,50)
    strategy.cancel("BUY")

if closebuyCond
    strategy.close("BUY")
    opentrade:=false

plot(upper, title="Kupper",color=color.red)
plot(lower,title="Klower",color=color.red)
plot(bupper, title="bUpper",color=color.blue)
plot(blower,title="blower",color=color.blue)
```

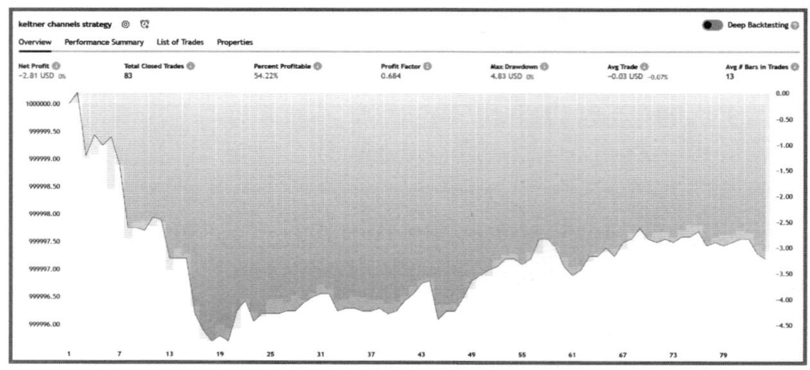

這個策略是過去筆者根據學員要求寫出來作示範的。從結果來看，成效其實一般。在2023年1月18日至2024年1月30日期間，合共交易了83次，其中獲利的有45次，勝率為54.22%。其實這個策略或許可以「反過來」使用，即在Bollinger's Band的底部由處於Keltner Channel底部之下回升至Keltner Channel底部之上後，不是入市買入，而是改為造淡，可能成效會更好。

大家亦可自行再改良試試。不過，以上例子作為學習Pine Script語法的教材，其實十分適合。

「買升後只能買跌 買跌後只能買升」的 Daytrade 策略

上一篇文章提及到 Keltner Channel，有人會覺得升穿 Keltner Channel 頂部是升浪的開市，也有人會覺得升穿 Keltner Channel 頂部將會有阻力。其實，很多人運用其他的技術指標時也是一樣，最普遍的是 RSI，所謂的超買區／超賣區，很多人就會覺得 RSI 升至超買就是應該是升浪的盡頭，但也有人認為 RSI 升至超買是升浪最急、最有爆發力的時間。

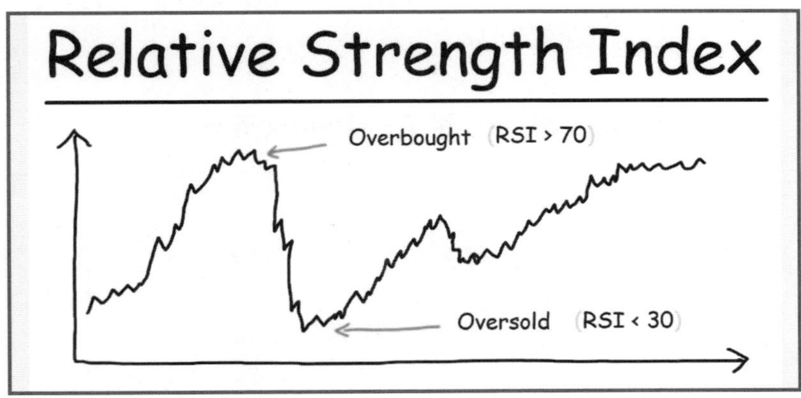

但這次我們不是要研究 RSI 升至超買區應該買升還是買跌，而是想跟大家討論的是：若你的交易策略運用了超買／超賣的概念，其實怎樣才能提高勝算？

沒有人能預早知道甚麼時候是上落市，還是單邊市的。在上落市中，RSI 升至超買區確實會開始有阻力，但在大單邊市中，RSI 升至超買區卻可能是大升浪的開始。

不過，RSI 在即市走勢中有一個特性：當升至 70 後，無論其後的升幅只是微不足道，還是再出現幅度很大的升幅，至少我們知道這是升浪的「尾段」。簡單來說，當用這類指標設定 Daytrade 策略時，較佳的處理方法是：

1. 若當日第一次的交易機會是入市做好，無論盈虧，第二次入市必定只能造淡；
2. 若當日第一次的交易機會是入市造淡，同樣無論盈虧，第二次入市必定只能造好。

大家可看看以下這些運用了 5 分鐘圖的例子：

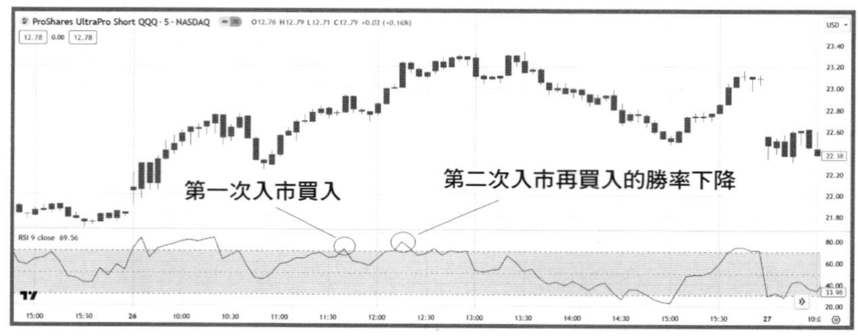

RSI 升至 70 後買入，若獲利平倉後，又再看到 RSI 升至 70，若繼續再買入的話，則會越來越接近升浪完結的時間，獲利的機會便會下降。

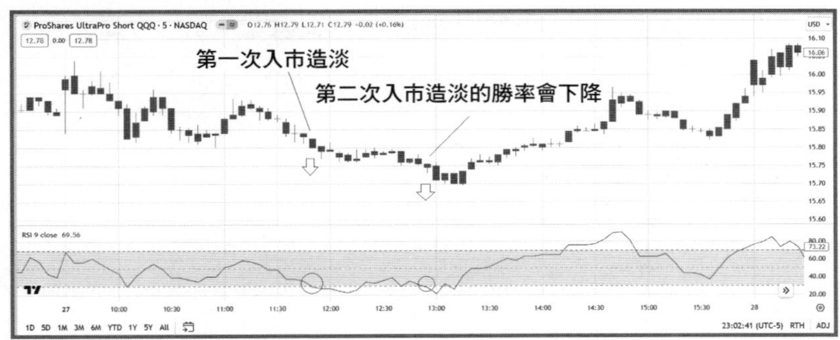

RSI 跌至 30 後造淡，若獲利平倉後，又再看到 RSI 跌至 30，下一次再交易若再造淡，勝算也會下降。

當然，這樣做也會令你錯失一些大單邊升市／跌市的大幅獲利機會；但即使錯失了同方向再獲利的機會，再出現反方向的入市訊號時，由於之前的升浪越大，當市況調整時就會有越多的平倉盤出現，所以當出現「反方向」的入市訊號時，勝率也會提高。

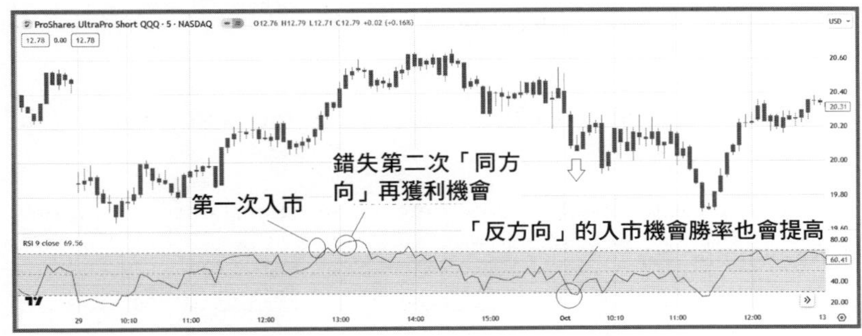

以上的入市條件，若要用 Pine Script 寫有關策略也十分容易：

```
//@version=5

strategy(" 買 升 後 只 能 買 跌 ", margin_long=100, margin_short=100, initial_capital = 10000,default_qty_type = strategy.cash, default_qty_value =8000,commission_type = strategy.cash,commission_value = 1,slippage = 1 )

var bool CanLong =true
var bool CanShort = true

rsLength=input(9,"rsiLength")
rs=ta.rsi(close,rsLength)

buyCond=ta.crossover(rs,70)
shortCond=ta.crossunder(rs,30)

closebuyCond=rs>75 or time_close>timestamp(year, month, dayofmonth, 15,50)
closeshortCond=rs<25 or time_close>timestamp(year,month, dayofmonth,15,50)

ema9=ta.ema(close,9)

if CanLong and buyCond
    strategy.entry("BUY",strategy.long,limit=ema9)
```

```
else if not CanLong and CanShort and shortCond
    strategy.entry("SHORT",strategy.short, limit=ema9)

if strategy.position_size>0 and CanLong and closebuyCond
    strategy.close("BUY")
    CanLong:=false
    CanShort:=true
else if strategy.position_size<0 and CanShort and closeshortCond
    strategy.close("SHORT")
    CanShort:=false
    CanLong:=true

plot(rs,title="RSI", color=color.teal)
hline(70,title="OB",color=color.black)
hline(30,title="OS",color=color.black)
```

很簡單的策略，不過就加上了兩個重要的策略：

1. **若當日第一次的交易機會是入市做好，無論盈虧，第二次入市必定只能造淡；**
2. **若當日第一次的交易機會是入市造淡，同樣無論盈虧，第二次入市必定只能造好。**

寫法也很簡單，先設定：

```
var bool CanLong =true
var bool CanShort = true
```

然後在入市準則中可看到：

```
if CanLong and buyCond
    strategy.entry("BUY",strategy.long,limit=ema9)
```

代表了必需 CanLong 是 true 才會入市造好。

重點是平倉的部分。若符合入市條件，入市後 CanLong 仍維持為 true，而且若入市造好，strategy.position_size 會大於零，符合這些條件加上 closebuyCond 就是平好倉的條件。

```
if strategy.position_size>0 and CanLong and closebuyCond
    strategy.close("BUY")
    CanLong:=false
    CanShort:=true
```

而平倉後必需將 CanLong 轉為 false，CanShort 轉為 true。這樣，只要 Trading View 再循環回到最先判斷是否應入市買入時，由於 CanLong 已變為 false，那便不會再入市買入。然後，Trading View 會再檢查下一個條件：

```
else if not CanLong and CanShort and shortCond
    strategy.entry("SHORT",strategy.short, limit=ema9)
```

由於條件是 CanLong 要 false，同時 CanShort 要是 true，便會入市造淡。這時候，只有入市造淡能符合條件，那便達到第一次造好後，第二次交易只能造淡的要求。

同樣地，在平淡倉時也要將 CanShort 轉為 false，CanLong 轉為 true。這樣，Trading View 再循環檢查各入市條件時，就會只有入市買入的條件符合要求。故此，第二次入市後若是造淡，第三次入市就只會造好。

```
else if strategy.position_size<0 and CanShort and closeshortCond
    strategy.close("SHORT")
    CanShort:=false
    CanLong:=true
```

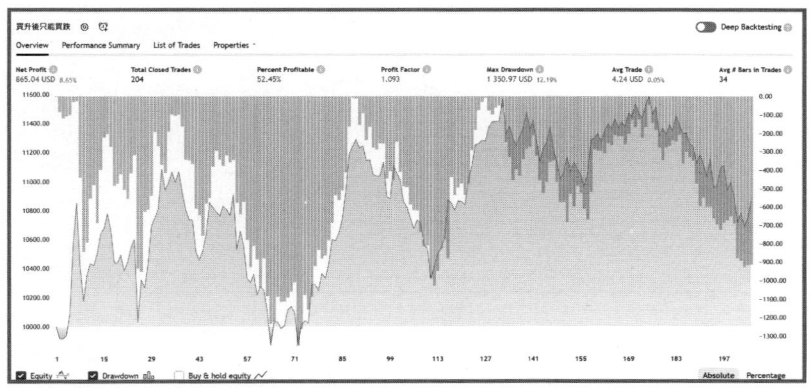

這個簡單的策略其實效果也不算太差，2023 年 1 月 23 日至 2024 年 1 月 31 日期間合共交易 204 次，獲利的有 107 次，勝率約 52.45%，用 1 萬美元扣除交易費用及買賣差價後，獲利約 8.65%。

但這個策略其實十分簡單。大家可以再想想：RSI 升至 70 後，可以等到其他的情況才入市。例子中是運用了 EMA(9)，但也可以用其他的設定。而且，平倉的條件在這個策略中其實令平倉時間十分「遲」，若提早平倉會令勝率增加。

這篇文章只是重點講解如何寫出「買升後只能買跌，買跌後只能買升」的例子。有了這個 sample，大家可用作再修改個人的 Daytrade 策略。

市場波幅的計算與應用（一）：收市價與標準差的差距

筆者在課程及不同的講座中都有提及，過去用程式優化參數的方法根本沒有多大用處，最好的方法是根據市場即市的波幅，讓程式去自動調整技術指標的參數。但大家可能會想到一個重要的問題：波幅又應如何去衡量是擴大還是收窄？

可能這個假期裡教大家的概念會比較深一點，語法運用也會更多，但這也是學習程式交易的必經過程。

首先，有人可能會認為，計算波幅的方法不就是最簡單地用每天的高低價作為市場波幅嗎？又或是小時圖中每支 Bar 的高低價差距，不就是代表了波幅了嗎？

當有一支 Bar 的燭身特別長，也就是最高價與最低價的差距擴大時，其實便代表了波幅擴大；但當最高價與最低價的差距收窄，則代表波幅收窄。確實有很多人認為是這樣。

但大家可看看以下的例子，十分十分簡單，將高低價的差距 plot 出來：

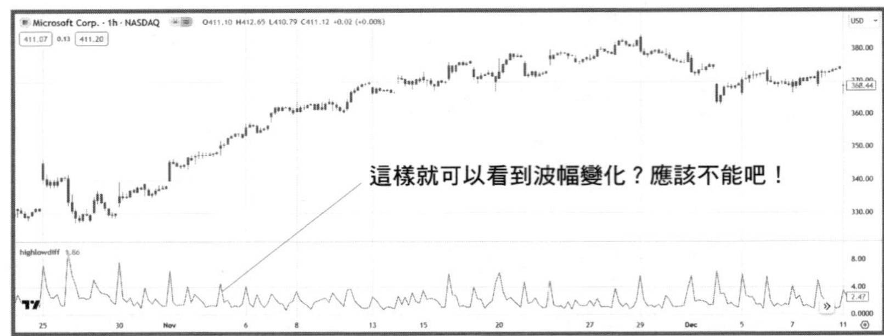


```
//@version=5
indicator("highlowdiff")
highlowdiff=math.abs(high-low)
plot(highlowdiff,title="highlow", color=color.red)
```

在圖表上，大家應立即感受到這樣的方法根本就不可能用作衡量波幅的變化。

若大家在網上搜尋，會發現計算波幅的公式很簡單，就是計算標準差。標準差是 Trading View 的內置 function，根本不用自行去計算。在金融市場中，有很多人也習慣用標準差來衡量價格波動的幅度：較高的標準差表示較大的波幅，而較低的標準差則表示較小的波幅。

但若單單透過標準差的變化去改變技術指標的參數，很多人也發現效果不是太好。因此，其他較常用來衡量波幅的方法如下：

1. 用 Bollinger Bands，因為它的計算就是中軸加上兩個標準差作頂部，中軸減去兩個標準差作底。Bollinger's Band 的寬度擴大便代表波幅擴大，寬度收窄便代表波幅收窄。
2. 計算「平均真實範圍（Average True Range，ATR）」，也就是大家常用的 ATR。我們昨天已學了如何用 ATR 設定止賺及止蝕。同樣，也有人用 ATR 去衡量波幅大小，以此來決定技術指標的參數。較高的 ATR 值表示較大的波幅，而較低的 ATR 值則表示較小的波幅。
3. 用一些波動指數（Volatility Index），例如最常見的就是芝加哥期權交易所（CBOE）的 VIX 指數。有很多人就用它來衡量標普 500 指數期權價格中的預期波動性。

本書中，筆者會嘗試分別用標準差、ATR、VIX 指數去寫不同的指標，以用來衡量波幅給大家參考，希望令大家對波幅的概念有更多的認識。只要學懂如何去有效衡量波幅擴大或收窄，要寫出透過即市波幅改變而去改變技術指標參數的策略，便不會太困難。

以下是一個運用了一個「修改了的標準差值」來衡量波幅的方法。首先建立一個 Array，將每個「收市價／標準差」的數值放入 Array 中。整個 Array 會有 100 個數值，而 Rank 就會用作顯示最新的「收市價／標準差」的數值在過去 100 個數值中的百分位排名。百分位排名越小代表波幅越細，百分位排名越大代表波幅越大。

當有一個計算結果，而這個計算結果會根據不同時間及價格而改變，而你想把每個計算結果作比較，例如計算最大值、最大百分比，甚至要做其他更複雜的計算，那便可以使用 Array。

Array 的語法如下：

Step 1：

Array 的語法是先設定一個 array：var xxx = array.new_float，這裡設定了一個名為 xxx 的 array。

Step 2：

然後再設定 array 大小的名字：abc = array.size(xxx)

Step 3：

再用 array.push 把需要的計算結果放到 array 中：

array.push(xxx, close/dev)

Step 4：

array.percentrank 則是用作計算最新的計算結果在整個 array 中的排名。

```
//@version=5
indicator(" 用標準差衡量波幅 ")

mult = input.float(2.0, minval=0.001, maxval=50, title="Multiplier")

lookback = 100
```

```
var stdevArray = array.new_float(lookback,0.0)

basis = ta.sma(close, 20)

dev = mult * ta.stdev(close, 20)

array.push(stdevArray, close/dev)

if array.size(stdevArray) >= lookback
    array.remove(stdevArray, 0)

rank = array.percentrank(stdevArray, lookback-1)

hist = 100 * dev / close

plot(rank , title="Z", color=color.red)
```

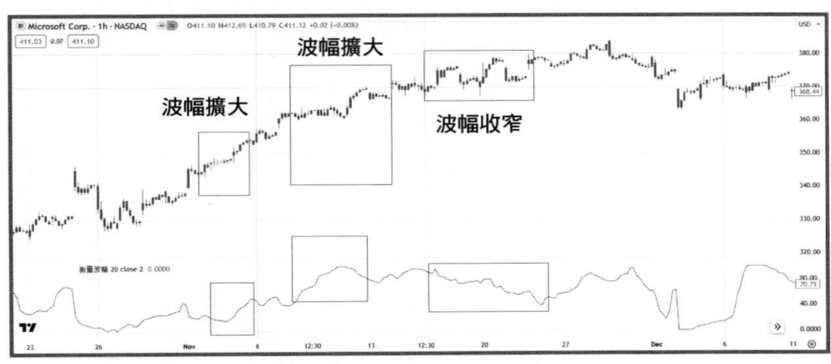

這個衡量波幅的方法算是不錯的。大家可以把以上的指標放在 Trading View 上觀察，例如 Microsoft 的小時圖中可明顯看到：波幅擴大時，Rank 的數值也在擴大；而當股價在高位整固、波幅也跟隨收窄時，Rank 的數值也會收窄。

若要改成交易策略，便可以自行設定：若 Rank 的數值升至多少時，技術指標如 RSI 的參數應縮小至那個水平；又或當 Rank 的數值跌至多少時，技術指標的參數應擴大至那個水平。

市場波幅的計算與應用（二）：標準差的另一種計算

上一篇文章，筆者介紹了有關運用收市價與標準差的距離來衡量波幅的變化。這篇則介紹另一種計算標準差的方法。

例如以下的例子：

```
//@version=5
indicator(' 用標準差衡量波幅 2')

// Input Variables for Customization
length = input(100)
lbR = input(5)
lbL = input(5)
rangeLower = input(5)
rangeUpper = input(60)

diff = close - open
stdDev = ta.stdev(spike, length)

plot(diff, title='Spike Column', color=color.blue, style=plot.style_
columns, linewidth=1)

// Plotting Standard Deviation Lines for Reference
```

```
plot(stdDev, 'Upper Line', color=color.new(color.green, 0))
plot(-stdDev, 'Lower Line', color=color.new(color.red, 0))
plot(0, color=color.new(color.gray, 0), title='Zero Line')
```

與上一篇的例子最大的不同是，這個例子用了「收市價 - 開市價」這個數值來計算標準差。

圖表上同時將標準差的正負值也顯示在其中，以方便比較。

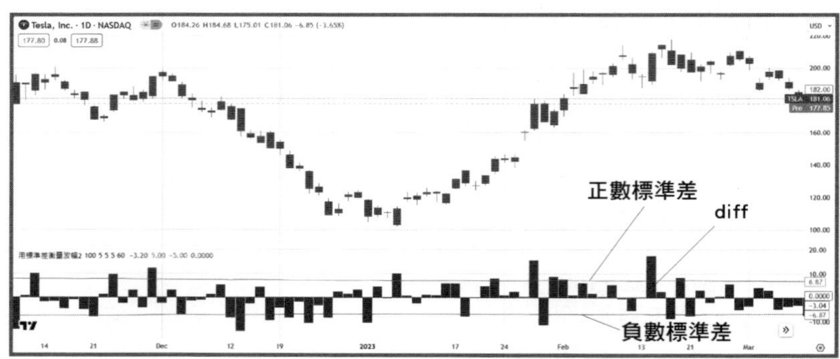

當藍色的柱狀線向上伸延或向下伸延時，代表波幅正在擴大。這個方法會比上日的更清楚地反映即市波幅中的小變化。

用這種方法衡量波幅，特別要留意的就是 diff 升穿了正數的標準差，以及 diff 跌穿了負數的標準差的時間。

可以看看以下例子：

假設你的交易策略是 RSI 升至 70 便買入，若 diff 升穿了正數的標準差，則代表波幅正在擴大，這時候便應採用參數較細的 RSI。

下圖便可看到，在 diff 升穿了正數的標準差時，RSI(3) 早已升至 70 以上，理論上已入市買入；但若採用的是 RSI(9)，它升至 70 後已是升浪完結的時間。

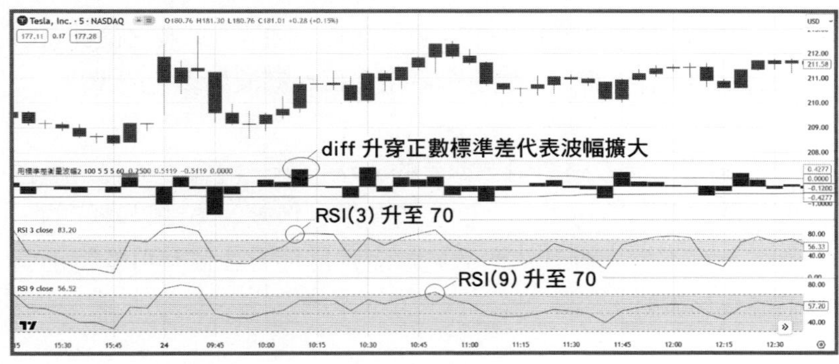

此外，在 diff 跌穿負數的標準差後，RSI(3) 也早已跌至 30 以下，理論上已入市造淡；但若採用的是 RSI(9)，它跌至 30 後剛好是反彈的時間。

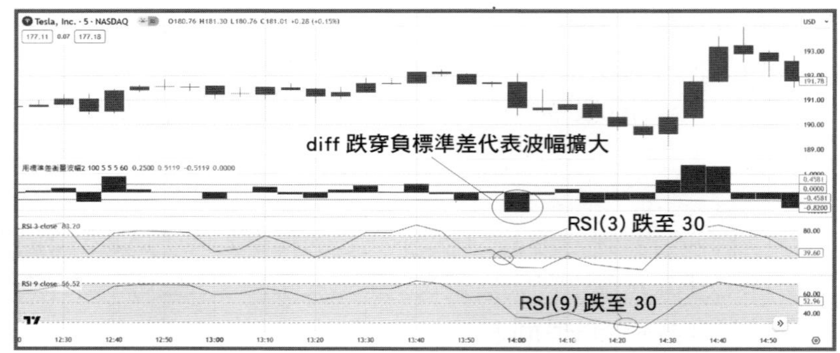

另大家會看到程式中有 rangeLower = input(5) 及 rangeUpper = input(60) 這兩個部分，這是筆者用作再比較波幅變化的準則。

介紹了兩種不同運用標準差的方法，下一篇會講解另一種也有大量炒家愛運用的 ATR。個人認為用標準差的方法是較好的，但市場上有不少人會有其他意見，而且每種方法也有可能特別適合某些交易策略。

例如，同樣是 Daytrade 的策略，若其中一種是持倉時間平均達一至兩小時的，筆者就覺得昨日用以衡量波幅的方法會較為適合；但若另一種 Daytrade 策略的平均持倉時間只有數分鐘的，則筆者會認為今天的方法會較好。

每種方法筆者也會在本書內提及，大家可把例子放在 Trading View 上觀察，究竟哪一套衡量波幅的方法最適合你已在採用的交易策略。

如何用 ATR 來比較波幅變化

ATR 是很多人用作衡量波幅的指標。首先，大家可以看看，若直接把一個 ATR(10) 在圖表上畫出來，又是否已足夠用以判斷波幅變化？

大家看看下圖：

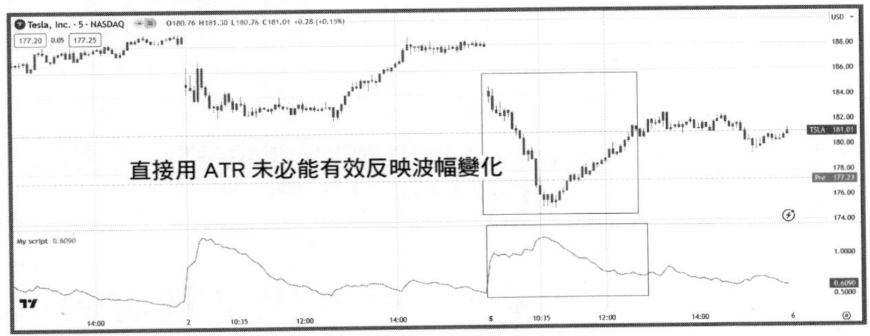

Tesla（US:TSLA）的 5 分鐘圖在 2 月 5 日當日先裂口低開後再急跌，然後到了中段又大幅反彈。但看看 ATR(10) 的走勢，理論上在反彈的過程中波幅應再擴大，若運用技術指標應採用參數最小的指標。然而，當時 ATR(10) 卻在下跌，令使用者會更加混淆。

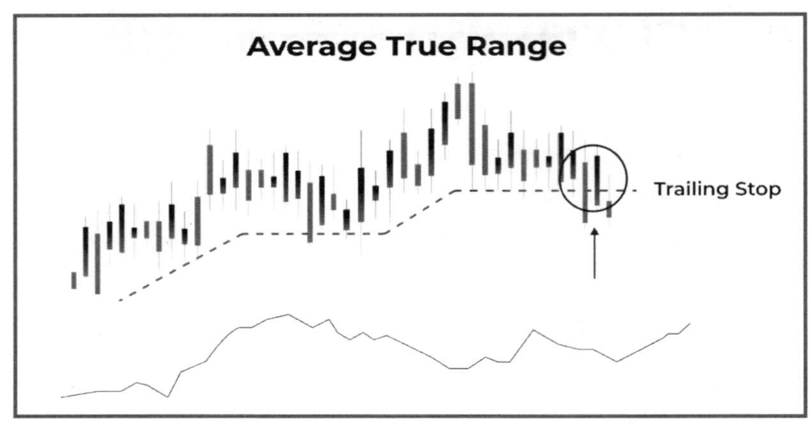

也有人會用 ATR 作為止賺及止蝕的指標。若應用在期指上，筆者覺得以 ATR 來定 Daytrade 的止賺及止蝕位是可以參考的。不過，直接用 ATR 來衡量波幅則不太適合。

而在網上，有些炒家則會把 ATR 的計算再修改。最常見的做法是先計算 ATR 的平均值，再計算 ATR 與其平均值的差距，而平均值的計算可以是 SMA、EMA、甚至 RMA 或 WMA 等，用以衡量波幅的變化。

以下這個例子大家可以參考一下，運用了一個「自定義的 function」，這種寫法十分普遍，我們在課堂上也已教過。ma_function 可以自行讓使用者決定使用 SMA、EMA、WMA 還是 RMA 來計算平均值。

另外，有些語法也值得學習。雖然在真實交易時作用不大，但若想在波幅擴大時設定一個 alert 提醒自己，就可以用以下的寫法：

if barstate.isconfirmed 代表該支 Bar 已真正完結，例如 5 分鐘圖就是每 5 分鐘已完結。然後，當 atr_above_avg 創新高便會符合 alert 的條件：

alertcondition() 中要寫上（條件、title 及要給自己提醒的 message）

如例子中便是：

alertcondition(alertHighVol, title= "High Volatility", message = 'ATR indicates High Volatility ')

```
//@version=5
indicator(title=" 用 ATR 判斷波幅 ", overlay=false)

length = input.int(10)
avg_length = input.int(20)
smoothing = input.string(title="Smoothing", defval="EMA", options=["RMA", "SMA", "EMA", "WMA"])

ma_function(source, length) =>
    switch smoothing
        "RMA" => ta.rma(source, length)
        "SMA" => ta.sma(source, length)
        "EMA" => ta.ema(source, length)
        "WMA" => ta.wma(source, length)

atr = ma_function(ta.tr(true), length)
```

```
avg_atr = ma_function(atr, avg_length)

atr_above_avg = atr > avg_atr
atr_below_avg = atr < avg_atr
diff = atr - avg_atr

plot1 = plot(atr, title="ATR", color=color.red)
plot2 = plot(avg_atr, title="Average ATR", color=color.blue)
plot3 = plot(diff, title="DIFF", color=color.teal)

var bool prev_high_vol = false
var bool prev_low_vol = false

if barstate.isconfirmed
    prev_high_vol := atr_above_avg[1]
    prev_low_vol := atr_below_avg[1]

alertHighVol = atr_above_avg and not prev_high_vol
alertLowVol = atr_below_avg and not prev_low_vol

if alertHighVol and not alertHighVol[1]
    alert("High Volatility Detected", alert.freq_once_per_bar_close)
alertcondition(alertHighVol, title= "High Volatility", message = 'ATR indicates High Volatility ')

if alertLowVol and not alertLowVol[1]
    alert("Low Volatility Detected", alert.freq_once_per_bar_close)
```

alertcondition(alertLowVol, title= "Low Volatility", message = 'ATR indicates Low Volatility ')

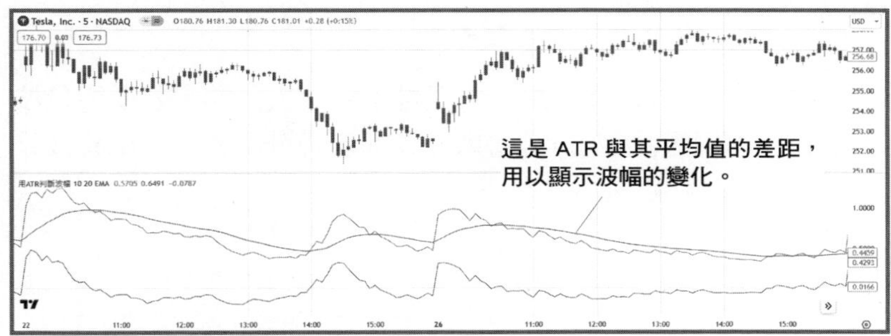

筆者把 ATR 及 ATR 的平均值，在圖表上同時顯示出來，然後再用另一條線顯示 ATR 與其平均值的差距，當這條線向上延伸代表波幅擴大，相反，若出現回落則代表波幅收窄。

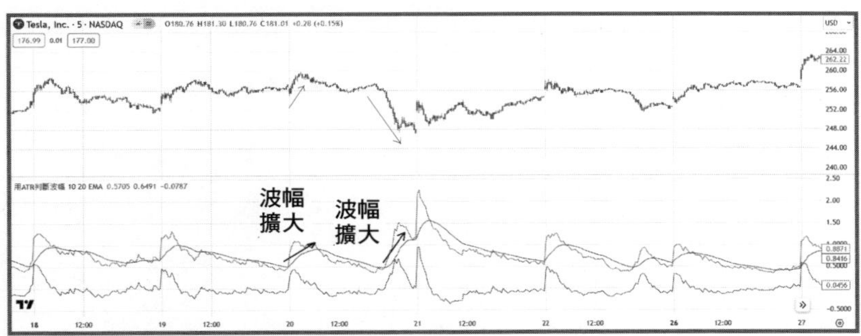

筆者刻意再用 Tesla（US:TSLA）作例子，大家只要將前兩篇文章的例子比較一下，便會清楚看到，用計算標準差的方法來衡量波幅變化會清晰很多。

這不代表 ATR 沒有用處，只是筆者個人認為，若要衡量波幅的變化，用標準差的計算會較好；而若只分析美股，則直接分析 VIX 指數也會較佳。

運用 VIX 指數的交易策略

VIX 指數應該不用筆者多作介紹，其中文名稱是「芝加哥期權交易所市場波幅指數」，不過估計真正記得這個中文名稱的人應該不會太多。

簡單來說，VIX 是用來衡量美國股市預期波幅的指標。由於 VIX 指數是以 S&P 500 指數的期權價格為基礎來計算，其計算方法是將指數未來 30 天的認沽和認購期權的加權價格結合起來，以反映投資者對美國股市未來波幅的看法。

換句話說，就是透過 S&P 500 指數期權的引伸波幅來觀察市場的情緒。當引伸波幅較高時，VIX 便會處於較高水平，其可能值的範圍亦會較寬；相反，當引伸波幅較低時，VIX 就會處於較低水平，其可能值的範圍則相對較窄。

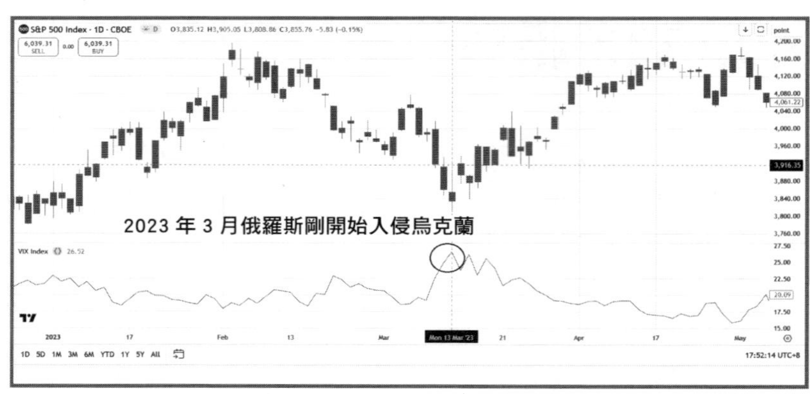

另外，有些人會喜歡稱 VIX 為「恐慌指標」。一般而言，VIX 指數大多在 10 至 20 之間上落；但若市場出現極大恐慌，VIX 指數便有機會急升至 20 以上。例如，在 2023 年 3 月俄羅斯剛開始入侵烏克蘭期間，VIX 指數便曾大幅上升超過 20。

雖然網上很容易可以找到 VIX 指數的公式，但其實用 Pine Script 寫出來也非常簡單。若你只想在 Trading View 上直接觀察 VIX 指數，只需以下幾句語法即可：

```
//@version=5
indicator("VIX Index")

vixData = request.security("CBOE:VIX", timeframe.period, close)

plot(vixData, title="VIX" ,color=color.red)
```

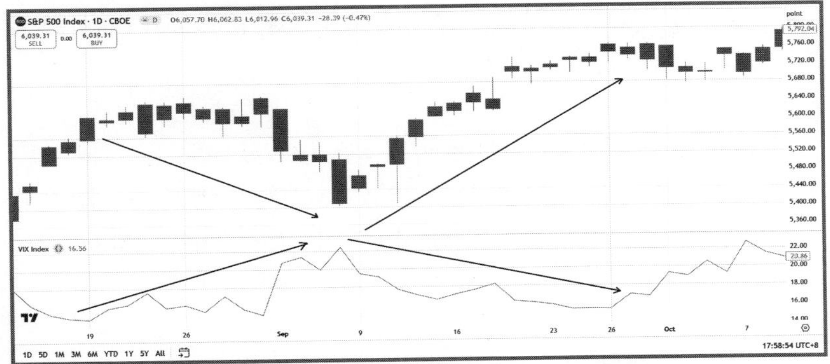

可以看到，利用 VIX 指數來判斷市場波幅是很有效的，尤其用於分析美股特別準確。而且每當 VIX 指數持續下跌，通常正是 S&P 指數大幅上升的時間；相反，每當 VIX 指數持續上升，S&P 指數往往便會出現調整。

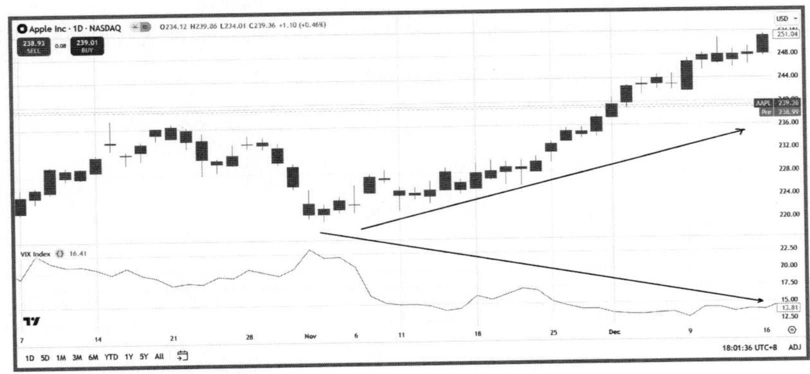

事實上，VIX 指數不只能用來分析 S&P 500 指數，很多個股的走勢也與 VIX 指數呈「相反」關係。例如 Apple（US:AAPL），當 VIX 指數急跌時，也常常是 Apple 股價上升的時機。不過，從準確性來看，VIX 更適合用於分析大市走勢。

為了讓大家更容易掌握應用方式，筆者嘗試用 VIX 指數撰寫一個簡單的交易策略供參考。

這個策略的入市準則很簡單：先以 VIX 數據計算其 3 日 SMA 及 20 日 SMA，當 3 SMA 跌穿 20 SMA 時，代表 VIX 指數出現明顯跌勢，這時候便會入市買入。範例中所做的 Backtest 是以 Apple 為標的。

至於平倉的準則，是當股價上升至最高價的 1% 以上時平倉沽出，或者當股價下跌至最低價的 1% 以下時止蝕離場。請留意，此策略採用了追蹤止賺與止損的方式：當最高價創新高時，止賺位會自動上移；而當最低價創新低時，止蝕位亦會自動下調。


```
//@version=5
strategy(title="VIX Reversal strategy", overlay=true, initial_capital = 50000, currency=currency.HKD, default_qty_type = strategy.percent_of_equity, default_qty_value = 100, commission_type=strategy.commission.cash_per_order,
 commission_value=1, slippage=1)

sessRange   = input.session("0930-1550", title="Session Time Range")
showSessEnd = input.bool(true, title="Show Session End?")

vixData = request.security("CBOE:VIX", timeframe.period, close)

Vix3MA = ta.sma(vixData, 3)
```

```
Vix20MA = ta.sma(vixData, 20)

inSession = not na(time(timeframe.period, sessRange))

plot(Vix3MA ,color=color.teal)
plot(Vix20MA , color=color.orange)

buyCond=ta.crossunder(Vix3MA, Vix20MA)
shortCond=ta.crossover(Vix3MA, Vix20MA)

if buyCond
    strategy.entry("BUY",strategy.long)

trail_limit=high*1.01
trail_stop=low*0.99
var float limitprice = 0.0
var float actuallimitprice=0.0
var float stopprice=0.0
var float actualstopprice=0.0

if na(limitprice)
    limitprice:=trail_limit
    actuallimitprice:=limitprice
else if high>high[1]
    limitprice:=trail_limit
    actuallimitprice:=limitprice
```

```
if na(stopprice)
    stopprice:=trail_stop
    actualstopprice:=stopprice
else if low<low[1]
    stopprice:=trail_stop
    actualstopprice:=stopprice

strategy.exit("EXITBUY",from_entry = "BUY", limit=actuallimitprice,stop=actualstopprice)
```

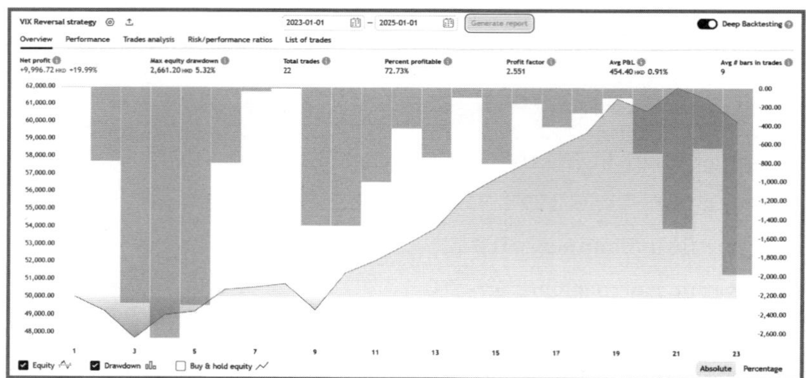

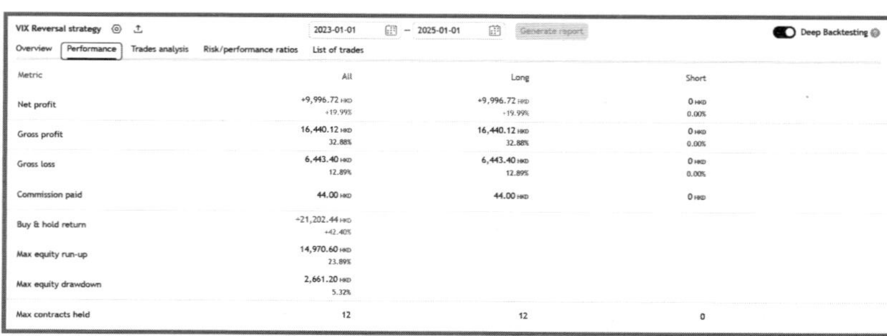

VIX Reversal strategy — 2023-01-01 – 2025-01-01 — Performance

Metric	All	Long	Short
Net profit	+9,996.72 HKD +19.99%	+9,996.72 HKD +19.99%	0 HKD 0.00%
Gross profit	16,440.12 HKD 32.88%	16,440.12 HKD 32.88%	0 HKD 0.00%
Gross loss	6,443.40 HKD 12.89%	6,443.40 HKD 12.89%	0 HKD 0.00%
Commission paid	44.00 HKD	44.00 HKD	0 HKD
Buy & hold return	+21,202.44 HKD +42.40%		
Max equity run-up	14,970.60 HKD 23.89%		
Max equity drawdown	2,661.20 HKD 5.32%		
Max contracts held	12	12	0

根據回測結果顯示，於 2023 年 1 月 1 日至 2025 年 1 月 1 日期間，這套策略共入市 22 次，當中 16 次獲利，勝率約為 72.73%。整體而言，在兩年間資金波動不算劇烈。以 5 萬港元作為本金進行交易，兩年內總收益為 9,996 港元（已扣除交易費用）。

其實，很多人早已證實運用 VIX 指數的交易策略非常有效。若大家有興趣，不妨親自嘗試撰寫更多類似策略，便會發現其表現往往優於其他僅依靠技術指標的策略。

Pine Script 寫追踨止賺及止蝕

在本書基本篇中大家學了有關止賺及止蝕的寫法，應該現在已清楚在 strategy.exit 中寫 profit、loss、limit 及 stop 的分別。但很多時候，大家未必希望用一種「既定」的方法去止賺或止蝕，而是希望根據市場的波幅不斷去改變止賺及止蝕的準則。這對設定 Daytrade 策略尤其重要，因為即市的波幅有時候可能會變得很小，可能到接近收市仍未到達目標價，最終本來獲利的交易變成虧損，這也是大家經常遇到的問題。

假設你設定一個 Daytrade 策略，跌穿開市後首 15 分鐘低位便入市造淡，然後跌至低首 15 分鐘低位達 15「格」便止賺離場。以 SQQQ 為例，每「格」為 0.01 美元。

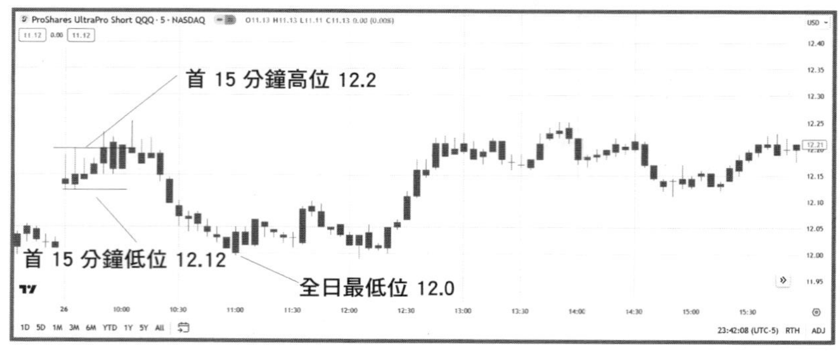

上圖是典型的窄幅上落市，開市首 15 分鐘的高位為 12.2 美元，開市首 15 分鐘的低位為 12.12 美元，但全日最低價只是 12 美元。這代表了若跌穿開市首 15 分鐘的低位便入市造淡，假設你的入市價非常好，剛好在 12.12 美元造淡，但由於全日價格只是窄幅上落，即使跌至 12 美元，你的帳面利潤也只有 12「格」，仍未達到止賺的目標。由於一直未有達到目標，你決定繼續持倉，最終收市前 SQQQ 的價格升至 12.21 美元，若在收市前平倉，最終反而虧損 9「格」，這是大家常遇到由贏變輸的情況。

或許大家會想，有利潤我便會離場了，應該不會遇到這種情況。那以下的例子，你便錯失了賺取更多利潤的機會。當日開市首 15 分鐘的最高價為 13.01 美元，開市首 15 分鐘的最低價為 12.92 美元，全日最低價為 12.37 美元。若同樣採用跌穿首 15 分鐘最低價造淡的策略，當日最多可賺 55「格」，若經常有少少利潤便離場，這些日子的利潤一定不會多。

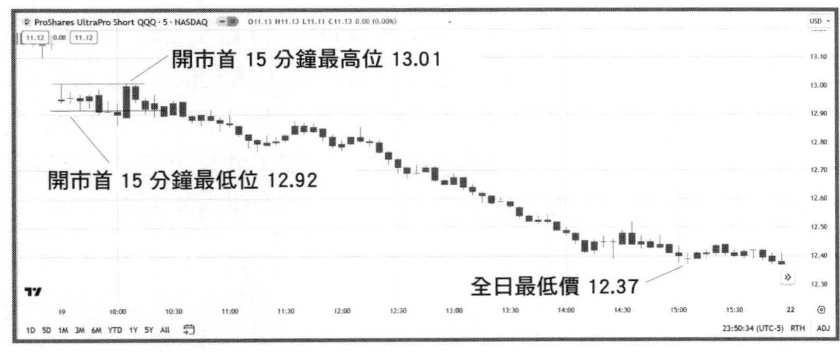

要在大單邊市中盡量做到「賺到盡」，這些日子的利潤是用以彌補策略失效時所帶來的虧損。

如下圖：

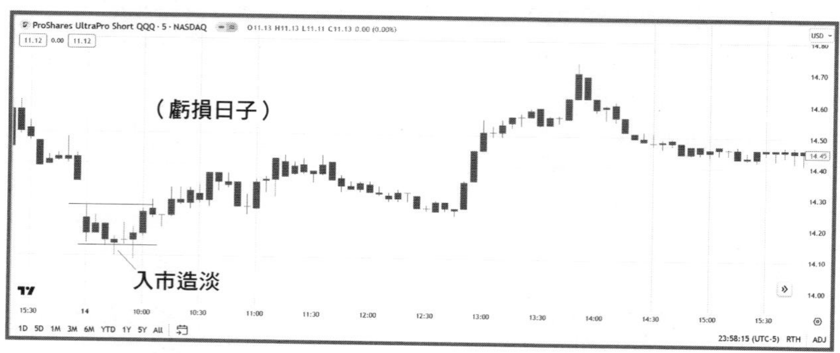

任何的策略都有失效的日子，若沒有在能賺的日子中「賺到盡」，整體每月的回報一定不會太高，甚至可能會出現虧損。

故此，不少人在設定 Daytrade 策略時，會希望止賺及止蝕的準則能根據市況的變化而作出改變。比較多人會用的就是 ATR 這個指標，因為 ATR 代表了市況的變化。當窄幅上落時，將止賺及止蝕位調整，令自己能更快在有利潤的情況下離場；但當波幅擴大時，則盡量令自己能「賺到盡」，那整體的利潤就會提高。

以下是其中一種運用 ATR 作止賺及止蝕的寫法：

```
//@version=5

strategy(title=" 追蹤止蝕例子 ")

// Calculate the Relative Strength Index (RSI)

rsiValue = ta.rsi(hlcc4, 4)

atrvalue=ta.atr(10)

trail_offset=3*0.01

trail_price = close * (1 - trail_offset / 100)

var float trailingStop = na

var float stopLevel = na

if ta.crossover(ta.rsi(close, 7), 30)

    if na(trailingStop)

        trailingStop := trail_price

        stopLevel := trailingStop
```

```
            else if close > trailingStop

            trailingStop := trail_price

            stopLevel := trailingStop

            strategy.entry("Enter Long", strategy.long, qty=10)

        else if ta.crossunder(ta.rsi(close, 7), 70)

            trailingStop := na

            stopLevel := na

            strategy.close("Enter Long")

        strategy.exit("Exit Long", "Enter Long", stop=stopLevel, qty=7,
alert_message="Trail stop hit!")
```

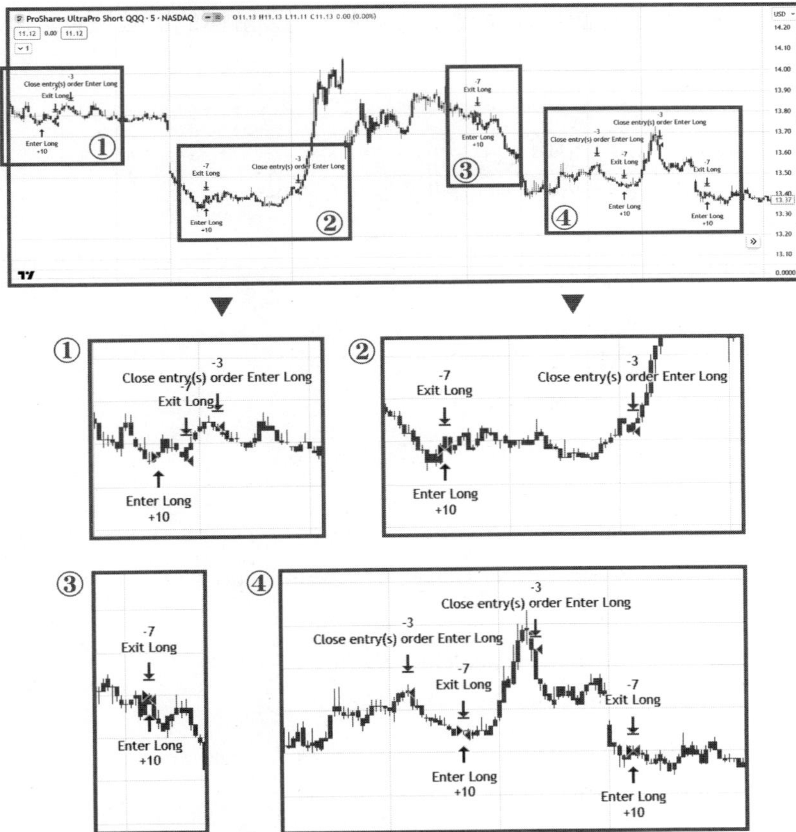
ProShares UltraPro Short QQQ · 5 · NASDAQ
①
-3
Close entry(s) order Enter Long
-7
Exit Long
Enter Long
+10
②
-7
Exit Long
-3
Close entry(s) order Enter Long
Enter Long
+10
③
-7
Exit Long
Enter Long
+10
④
-3
Close entry(s) order Enter Long
-3
Close entry(s) order Enter Long
-7
Exit Long
Enter Long
+10
-7
Exit Long
Enter Long
+10

應該大部分語法大家現在已學懂，需要解釋的應該只有這部分：

```
trail_offset=3*0.01
trail_price = close * (1 - trail_offset / 100)

if na(trailingStop)
    trailingStop := trail_price
    stopLevel := trailingStop
else if close > trailingStop
    trailingStop := trail_price
    stopLevel := trailingStop

    strategy.entry("Enter Long", strategy.long, qty=10)

else if ta.crossunder(ta.rsi(close, 7), 70)
    trailingStop := na
    stopLevel := na
    strategy.close("Enter Long")
```

寫 ATR 的變化時，若只集中留意 ATR 的參數是多少，其實變化根本不大。你用 ATR(14) 與 ATR(10) 在即市交易中對你的幫助其實不大，所以單單優化 ATR 的參數並不足夠。

最常用的做法是將收市價減 ATR，但 ATR 需要乘以一個百分比。這樣，最後只要調整 trail_offset 的比例，就能根據每種產品的波幅特性去調整。SQQQ 需要的 trail_offset 與 Apple

（US:AAPL）肯定會不同，而 Apple 與蔚來（US:NIO）需要的 trail_offset 也會不同。

然後，當收市價升穿或跌穿既定的 trail_price 就要為止賺及止蝕的準則作出調整。先告訴 Trading View，若 trail_price 是 na，意思就是剛開始計算時先把 trail_price 當作 trailingStop，但當收市價升穿 trail_price 時，trailingStop 便會變成最新的 trail_price，因為 trail_price 也是會不斷改變的，其計算便是：

```
close - (atr_value * atr_multiplier * trail_offset / 100)
```

當中 atr_value 會不斷改變。

在寫 strategy.exit 前便要先寫這些計算過程，然後將 stopLevel 賦予 trailingStop 的值。最後，在 strategy.exit 中寫 stop=stopLevel。

另外，這個只是給大家一個寫追蹤止賺及止蝕的例子，筆者希望盡量將其簡化，這樣大家才較容易學習。但若要改成一個真正的 Daytrade 策略，還需加入限制每日的交易次數、限制收市前必需平倉等功能。目前這個策略仍未限制每日收市前必需平倉。這些要加上的部分應該現在大家已學懂，甚至可以直接把這個止賺及止蝕的準則加進你個人的交易策略中，效果便會提高。

實戰教學

Reverse RSI indicator 預早得知 RSI 升至 70 時股價是多少

坊間有一個指標名為「Reverse RSI indicator」，其作用是，例如RSI在50時，預早得知若RSI升至70，股價會升至哪個水平。那麼，若要用 Pine Script 寫出來，應該怎樣寫？

以下是提供「Reverse RSI indicator」的網頁：

https://www.profitspi.com/stock/view.aspx?v=stock-chart&uv=109333

大家可先 copy 以下的 sample。這段代碼所寫的 indicator 會顯示每分鐘若 RSI 升至或跌至 70 時，相對應的股價水平。

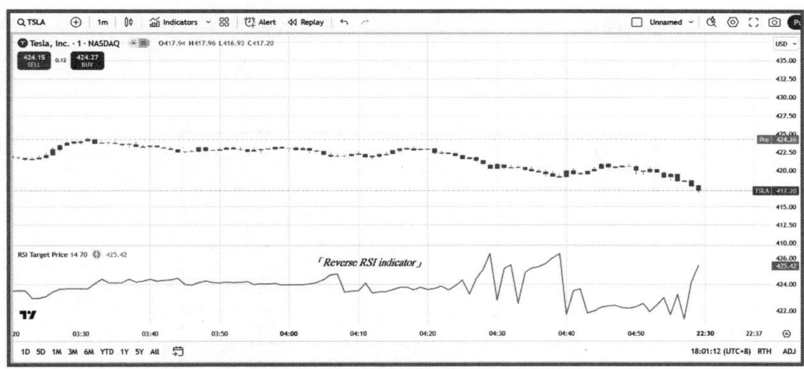


```
//@version=6
indicator("RSI Target Price 2", overlay=false)

rsiLength = input.int(14, title="RSI Length")
threshold = input.float(70, title="RSI Target")

rsiValue = ta.rsi(close, rsiLength)
rsiSlope = ta.change(rsiValue)
priceSlope = ta.change(close)

var float priceTarget = na

if rsiSlope != 0
    timeToTarget = (threshold - rsiValue) / rsiSlope
    priceTarget := close + timeToTarget * priceSlope
else
    priceTarget := close
```

```
plot(priceTarget, title="Price at RSI 70", color=color.new(color.green, 0), linewidth=2, style=plot.style_line)
```

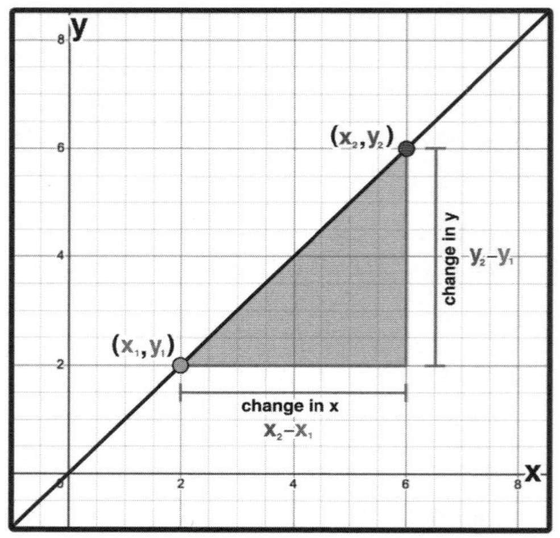

要計算 RSI 在某個數值時的股價，其實十分容易。因為 RSI 及股價的數據我們也有，RSI 為 X，Y 是時間，可以計算其斜率便能知道變化的速度。股價也可以設定為 X，而 Y 亦是時間，計算斜率同樣可以得知股價的變化速度。

在這段代碼中，rsiSlope 就是當前 RSI 的變化速度，而 priceSlope 則是價格的變化速度。然後我們先計算當前 RSI 升至 70 時所需要的時間：

```
threshold = 70
timeToTarget = (threshold - rsiValue) / rsiSlope
```

然後再根據價格斜率計算目標價格：

priceTarget := close + timeToTarget * priceSlope

其中，(threshold - rsiValue) 表示當前 RSI 到目標 RSI 的差距（即需要變化的幅度）。例如當前 RSI 為 50，目標 RSI 為 70，那差距便是 20。而 rsiSlope 是 RSI 每分鐘的變化（即斜率），如果 RSI 每分鐘上升 2，則 rsiSlope = 2。而 priceSlope 表示價格每分鐘的變化量，如果價格每分鐘上升 0.5，則 priceSlope = 0.5。

例子：

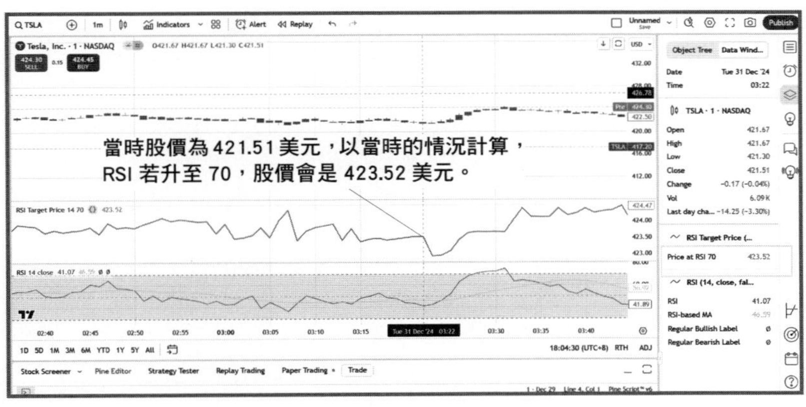

不過，大家也要留意，這個指標是包括了計算 RSI 已高於 70 的情況。這代表了斜率會為負值，即 rsiSlope < 0（RSI 正在下降），此時公式會計算 RSI 達到目標值所需的「負時間」（即 RSI 必須反向變化）。

另外，當 rsiSlope = 0 時，由於 RSI 的變化率為零，這時其實無法預測 RSI 何時達到目標值。因此，在這種情況下，代碼會跳過目標價格的計算，以防止「除以零」的錯誤。

可能以上的解釋涉及一些數學的認識，但若然不太明白，也可以直接 copy 代碼使用。下一篇文章會再講解一些「Reverse RSI indicator」的用法。

Reverse RSI indicator 的應用方法

其實筆者在講座或課程中都經常表示，很多人為了某個指標便繳付費用去使用一些軟體或平台。例如，有人會覺得 MT4 的某個指標好用，便堅持一定要用 MT4。但其實你看了本書後應該都已明白，只要你用 Google 找到指標的公式，然後就能用 Trading View 或 Python 寫出來。

上一篇介紹的「Reverse RSI indicator」，這其實不算是一個技術指標，但在真實交易時卻十分實用。雖然不少平台也沒有提供，但現在大家也明白，要用 Pine Script 寫出來其實十分容易。

另外，若要在 Trading View 看「Reverse RSI indicator」的數值，在畫面的最右邊、打直數第三個，有一個像菱形的符號，名為「object tree and data window」。按下去，再選「data window」就可以看到。

不過，若大家已熟習 Pine Script，也會發現其實筆者寫「Reverse RSI indicator」時的代碼與網上找到的計算公式有所不同，因為這樣寫能有更多的應用。

很多人運用這個指標時，只會簡單將它用來設定目標價。例如，當 RSI 在 70 以下時，預早得知 RSI 升至 70 後股價會是多少。假設指標告訴你 RSI 升至 70 時股價會是 100 元，但你已在 75 元買入，那就將止賺目標設定在 100 元，就是這樣簡單。

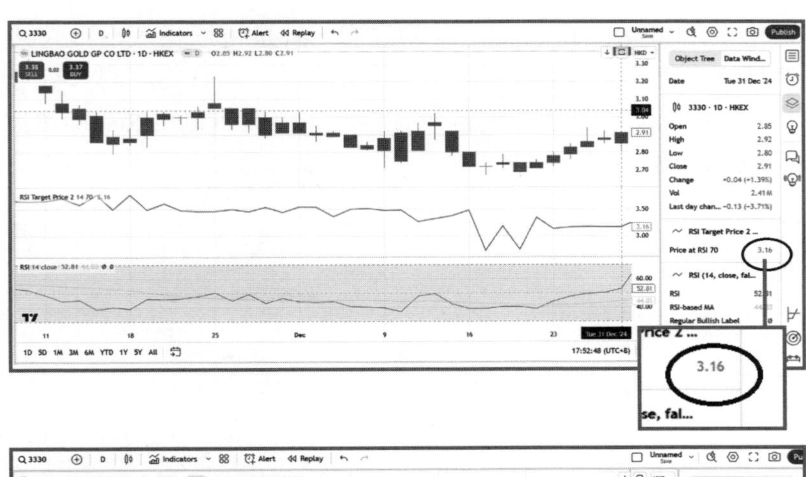

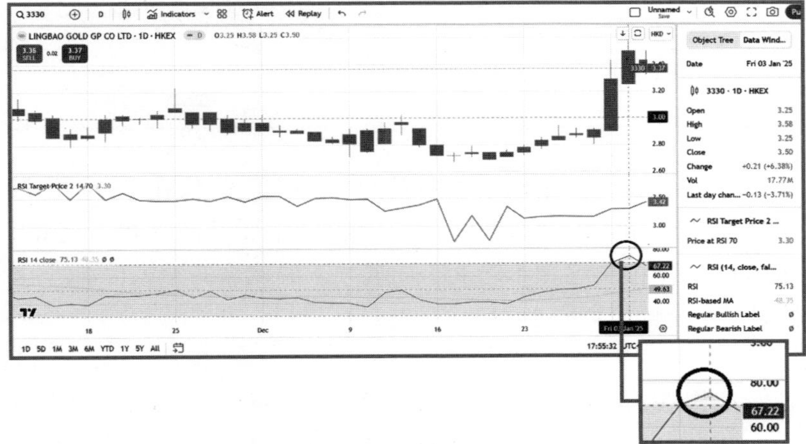

但筆者可以告訴你，這個指標的應用其實還有很多。例如，筆者在 2024 年 12 月 30 日於 Patreon 推介會員買入靈寶（03330）。推介之後的第二日，即 12 月 31 日，當日靈寶的開市價為 2.85 元，當時 RSI 為 52.81。而 Reverse RSI indicator 其實就預早顯示，若 RSI 升至 70，靈寶會升至 3.16 元。這代表潛在升幅至少有約 10.9%，值博率其實很高。其後靈寶的股價更不止升至 3.16 元。

使用 Reverse RSI indicator 的好處，就是可以在入市買入某股票前，分析值博率是否夠高。一隻股份如果真的展開一輪升浪，其實 RSI 甚少會未升至 70 便停止，所以可以用 Reverse RSI indicator 預早設定目標價。

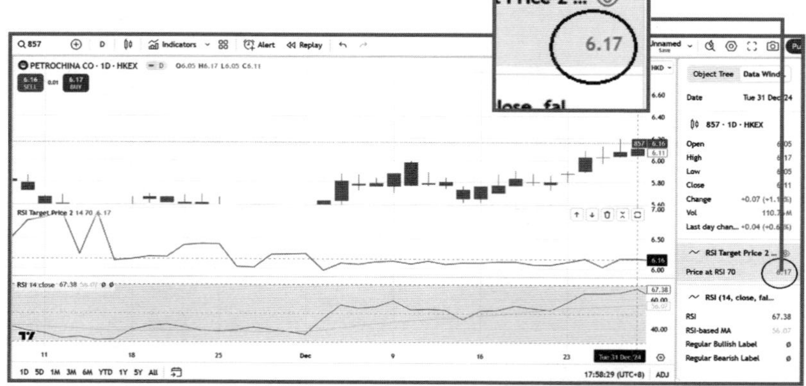

我們再看另一個例子：中石油（00857）同樣在 12 月 31 日的開市價為 6.05 元，當時 RSI 約為 67.38。若當時留意 Reverse RSI indicator，指標早已預示若 RSI 升至 70，股價會升至 6.17 元，這代表潛在升幅只有約 2%。

如果在 12 月 31 日當日，你同時想買靈寶（03330）和中石油（00857），而要二選一，則應選擇潛在升幅達 10.9% 的靈寶，而非只有約 2% 的中石油。所以，Reverse RSI indicator 的另一個用法就是用來比較不同股票在同一時間的值博率。

但其實還有另一種更進階的用法。首先，大家要明白，RSI 在 20 時指標會顯示 RSI 升至 70 後股價會是多少；同樣地，RSI 在 50 時，指標也會顯示 RSI 升至 70 後股價是多少，但兩者其實是有不同的。

RSI 的變化速度有可能會在加強。意思是：RSI 在 20 時，指標可能會告訴你 RSI 升至 70 時股價會是 100 元；但當 RSI 在 50 時，指標卻會告訴你 RSI 升至 70 時股價會是 102 元。兩個數值會有差距，原因就是 RSI 的變化速度在加強。

然而，RSI 由 20 升至 70 時，其變化速度加強的時間每次也會不同。而正正因為這些分別，若我們細心留意，便會發現一些入市的機會。

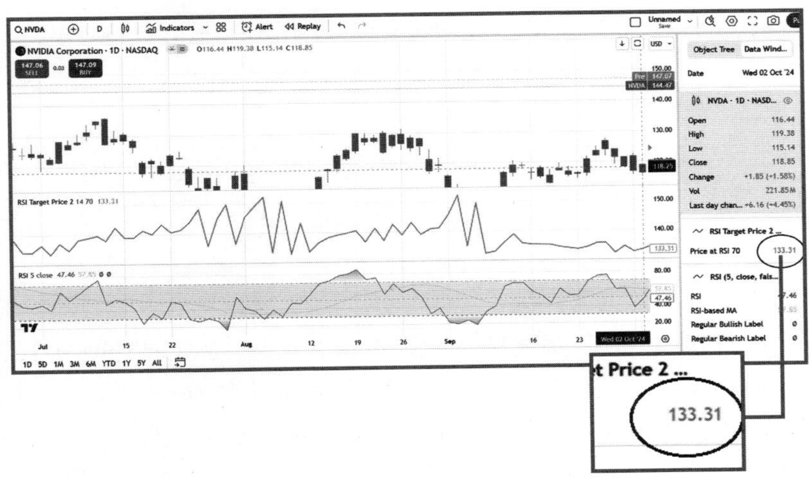

我們用以下例子會更加容易明白：在 2024 年 10 月 2 日，Nvidia（US:NVDA）當時的 RSI 開始止跌回升，當日的收市價為 118.85 美元，而當時的 RSI 約為 47.46。當時 Reverse RSI indicator 顯示，若 RSI 升至 70，股價會升至 133.31 美元。

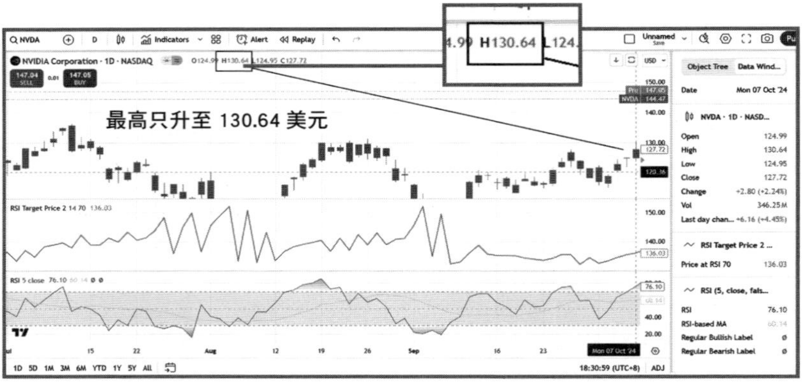

最高只升至 130.64 美元

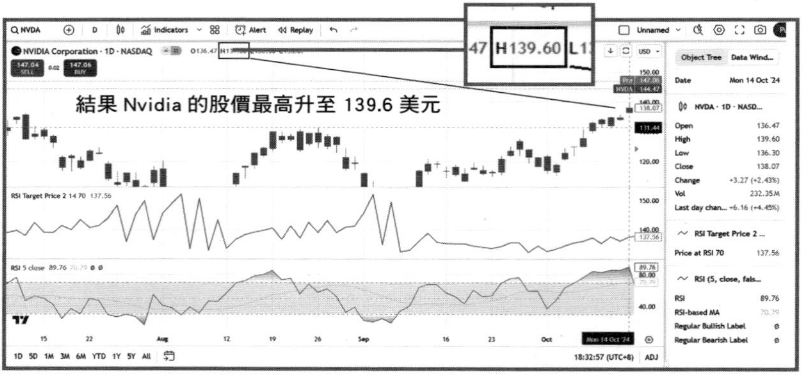

結果 Nvidia 的股價最高升至 139.6 美元

但其後相隔三個交易日，到了 10 月 7 日，RSI 已升至 70 以上，達到 76.1，但當日股價最高也只是升見 130.64 美元。三個交易日前 Reverse RSI indicator 顯示若 RSI 升至 70，股價會升至 133.31 美元；但到 RSI 真正升至 70，甚至已升至 76.1，股價仍低於三日前的預測值。這代表股價仍然「有力再上」，結果 Nvidia 的股價其後最高升至 139.6 美元。

當然，大家可能會說：若改了 RSI 的參數，結果便可能會不同。以上例子中，筆者用了 RSI(5)，但若改為 RSI(9) 或 RSI(14)，結果就會有差別。

不過，筆者已強調很多次，早年很多人運用程式交易時都愛做 Optimization，意思是用程式去優化參數。例如 MACD，你覺得（12,26,9）是最好，但用程式優化後你發現（5,35,5）這組參數才是最好；又例如 RSI，你發現 RSI(7) 的回報會高於 RSI(14)，這過程就是 Optimization。

然而，當你 optimize 參數後，其實在開市之後進行自動交易時所用的參數是不會再改變的。但市場的波幅每日都會改變，因此這種做法在實戰中根本不太適合。

RSI 應該使用哪個參數，應該交由程式根據波幅不斷自動去幫你調整。我們其實可以運用 Pine Script 將 Reverse RSI indicator 寫成一個交易策略，再連接券商進行自動交易。在代碼中可以加上根據波幅來調整 RSI 參數的機制。

例如，在波幅大的時候，你可以用較小的參數，因為當升浪到了尾段，較小的參數仍可以較早發出入市訊號，令你在升浪尾段也能獲利。不過，當市場波幅小的時候，你便應該用較大的參數，因為在上落市中可避免「左一巴右一巴」的情況。

如果你用 Reverse RSI indicator 配合即市的波幅，就更加可以在 RSI 升至 70 時判斷得到究竟股價會回落還是會繼續上升。例如最初 RSI 在 30 時已顯示 RSI 升至 70 時，股價會升至 100 元；但當 RSI 真正升至 70，股價最高仍只升至 90 元，這便代表仍有很大機會繼續上升。不過，若 RSI 升至 70 時，股價已升至 105 元，這就代表 RSI 回落的機會較大。但 RSI 開始升浪時，究竟應用 RSI(3)、RSI(5)、RSI(9) 還是 RSI(14) 呢？就要預早配合即市波幅來判斷。

筆者在 YouTube 也早已有影片講解這個概念，大家有興趣也可參考：

https://youtu.be/Bz4Nl0ELsyM?si=ORKM20F-9wIqFnJo

七年間短炒騰訊 54 次勝率達七成以上的實戰策略（一）

執筆時港股的走勢開始轉強，也開始又再有人會說，若在過去七年一直持有騰訊（00700），回報可以十分之高。若果你由 2017 年 1 月 1 日開始買入騰訊並一直持有到 2024 年 12 月 31 日，這 7 年間你的回報確實可以達到 138.85%。若你買入 50 萬元，大約能獲利 694,260 元。但對很多人來說，這根本不可能實現。過去幾年，即使自稱是大師級的人馬，也抵受不了港股的弱勢而選擇換馬。

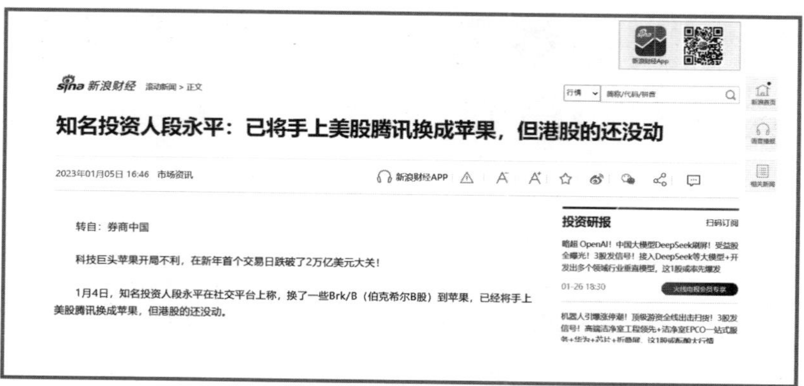

sina 新浪财经 滚动新闻 > 正文

知名投资人段永平：已将手上美股腾讯换成苹果，但港股的还没动

2023年01月05日 16:46 市场资讯

转自：券商中国

科技巨头苹果开局不利，在新年首个交易日跌破了2万亿美元大关！

1月4日，知名投资人段永平在社交平台上称，换了一些Brk/B（伯克希尔B股）到苹果，已经将手上美股腾讯换成苹果，但港股的还没动。

投资研报 扫码订阅

略超 OpenAI！中国大模型DeepSeek刷屏！受益股全曝光！3股发信号！接入DeepSeek等大模型+开发出多个领域行业垂直模型，这1股或率先爆发

01-26 18:30

例如，被譽為中國版「巴菲特」的段永平，記得他在 2022 年應該多次增持騰訊，但騰訊股價在低位徘徊不前。到了 2023 年初，他便公開表示將騰訊換馬至 Apple（US:AAPL），他有強調這樣做並非為了賺錢，而是要證明自己的存在價值。

確實，要長期持有一隻股票真的要很有「耐性」，這點並非每個人都能做到。巴菲特被視為大師，最大原因是他真的大部分時間也「坐得穩」。

筆者並非要教大家長期持有股票的好處。長期投資必賺的想法，可以參考積金局的專家言論；無論強積金怎樣輸，他們總是會告訴你要看長線，長期必定能賺錢。

既然我們沒有辦法，也沒有能力長期持有一隻股票，那麼透過短炒又能否獲得較好的回報？若果有一套方法，平均持倉時間只有 1 個多月左右，這對很多散戶來說應該更加容易接受。至少

不用持倉以「年計」才看到滿意的回報，而且也不用像 Daytrader 一樣，每天與市場「搏鬥」。

以下的程式碼就是用作專炒騰訊的。若運用 30 分鐘圖表，由 2017 年 1 月 1 日至 2024 年 12 月 31 日的回報有 68.6%。同樣投入 50 萬港元，回報約 343,005 港元。期間交易了 54 次，獲利的有 42 次，勝率大約 77.78%。平均每次交易持倉時間約 422 支 Bar，若用 30 分鐘圖則大約持倉 1 個多月。這樣的策略應更合符人性，因為若要持倉長達七年，連段永平都做不到；但一般散戶要持倉 1 個月應該還是能夠做到的。

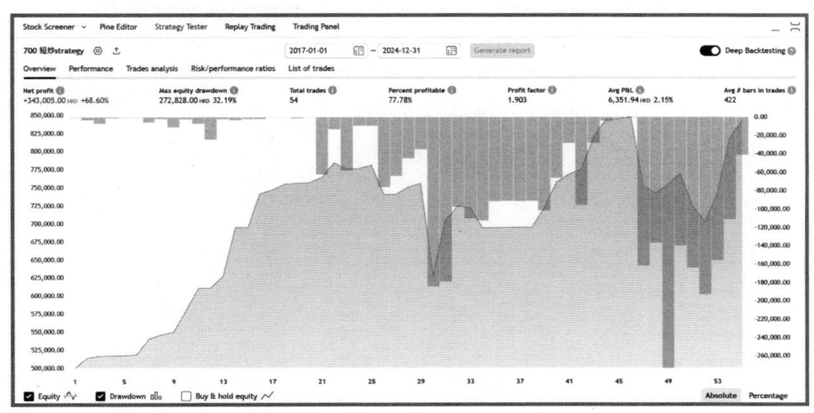

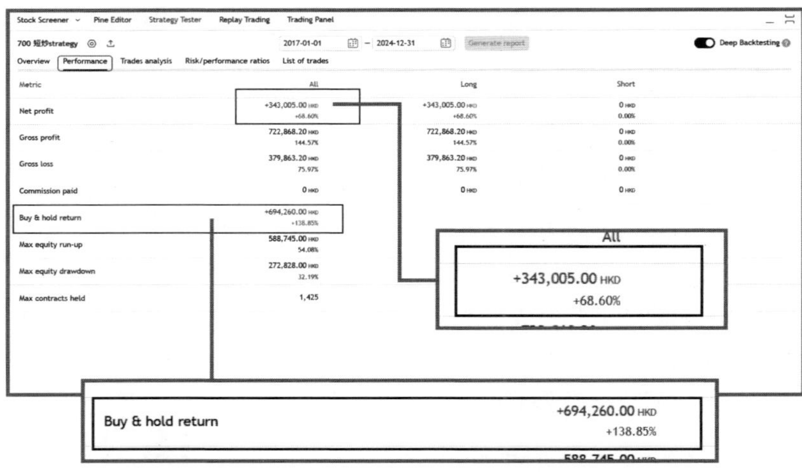

Metric	All	Long	Short
Net profit	+343,005.00 HKD +68.60%	+343,005.00 HKD +68.60%	0 HKD 0.00%
Gross profit	722,868.20 HKD 144.57%	722,868.20 HKD 144.57%	0 HKD 0.00%
Gross loss	379,863.20 HKD 75.97%	379,863.20 HKD 75.97%	0 HKD 0.00%
Commission paid	0 HKD	0 HKD	0 HKD
Buy & hold return	+694,260.00 HKD +138.85%		
Max equity run-up	588,745.00 HKD 54.08%		
Max equity drawdown	272,828.00 HKD 32.19%		
Max contracts held	1,425		

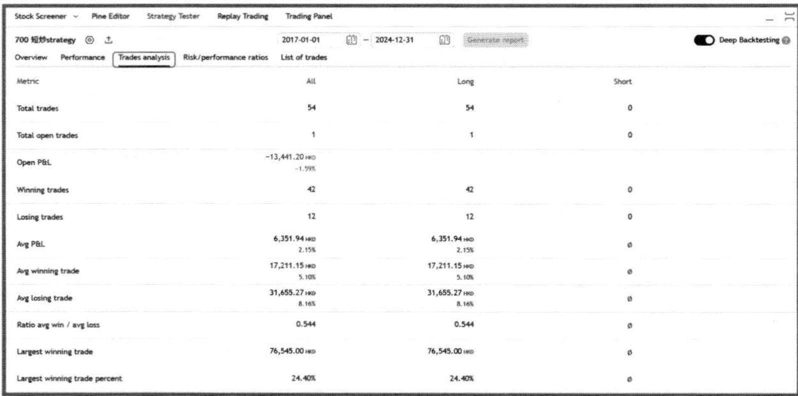

Metric	All	Long	Short
Total trades	54	54	0
Total open trades	1	1	0
Open P&L	−13,441.20 HKD −1.59%		
Winning trades	42	42	0
Losing trades	12	12	0
Avg P&L	6,351.94 HKD 2.15%	6,351.94 HKD 2.15%	ø
Avg winning trade	17,211.15 HKD 5.10%	17,211.15 HKD 5.10%	ø
Avg losing trade	31,655.27 HKD 8.16%	31,655.27 HKD 8.16%	ø
Ratio avg win / avg loss	0.544	0.544	ø
Largest winning trade	76,545.00 HKD	76,545.00 HKD	ø
Largest winning trade percent	24.40%	24.40%	ø

Stock Screener Pine Editor Strategy Tester Replay Trading Trading Panel

700 短炒strategy 2017-01-01 – 2024-12-31 Generate report Deep Backtesting

Overview Performance Trades analysis Risk/performance ratios List of trades

Metric	All	Long	Short
Avg P&L	6,351.94 HKD 2.15%	6,351.94 HKD 2.15%	0
Avg winning trade	17,211.15 HKD 5.10%	17,211.15 HKD 5.10%	0
Avg losing trade	31,655.27 HKD 8.16%	31,655.27 HKD 8.16%	0
Ratio avg win / avg loss	0.544	0.544	0
Largest winning trade	76,545.00 HKD	76,545.00 HKD	0
Largest winning trade percent	24.40%	24.40%	0
Largest losing trade	127,988.80 HKD	127,988.80 HKD	0
Largest losing trade percent	33.89%	33.89%	0
Avg # bars in trades	422	422	0
Avg # bars in winning trades	249	249	0
Avg # bars in losing trades	1,026	1,026	0

以下是用 Pine Script 寫的程式碼：

```
//@version=5

strategy("70 短炒 strategy", overlay=true, initial_capital = 100000, currency=currency.HKD, default_qty_type = strategy.percent_of_equity, default_qty_value = 80)

atr_para=3
lookback=100
percentile1=30
percentile2=40
Crange = 4
atr_value1 = 0.0
stan1 = 0.0
range1 = 0.0
l1=0.0
```

```
h1=0.0
atr_value2 = 0.0
stan2 = 0.0
range2 = 0.0
l2=0.0
h2=0.0

rs=ta.rsi(close,9)
for i = 1 to atr_para

    h1:=ta.highest(high[i], atr_para)
    l1:=ta.lowest(low[i], atr_para)
    range1 := h1-l1

atrp1 = (range1 / h1) * 100
for i = 1 to atr_para
    h2:=ta.highest(close, atr_para)
    l2:=ta.lowest(close, atr_para)
    range2 := h2-l2

atrp2 = (range2 / h2) * 100
A1 = ta.percentrank( atrp1, lookback)
A2 = ta.percentrank( atrp2, lookback)
setting1 = (A1 <= percentile2) and (A1 > percentile1)
rangepivot = (A1 <= percentile1)  and (atrp1<=10)
closepivot = (atrp2<=Crange)
pivot = rangepivot or closepivot
```

```
noposition=strategy.position_size==0
buyCond= pivot
closeCond=rs>90

if buyCond and noposition
   strategy.entry("BUY", strategy.long)

if closeCond and not noposition
   strategy.close("BUY")
```

七年間短炒騰訊 54 次勝率達七成以上的實戰策略（二）

利用程式的好處就是，有些交易策略的計算過程是用人手觀察圖表時很難去判斷的。Trading View 的 Pine Script 語法簡單，而且省卻了輸入數據的步驟，因此要撰寫很多交易策略就更方便。

上一篇提及短炒騰訊（00700）的交易策略，語法也很簡單，但其實有很多部分值得參考。

筆者在本書其他章節中已討論了波幅的問題。其實市場上不同的炒家在分析波幅時都有各自的方法，有些人會計算年化標準差，有人會使用 ATR 這個指標，有人會觀察布林通道（保歷加通道）的寬度是否擴闊或收窄，也有人會直接用高低位的差距作比較。

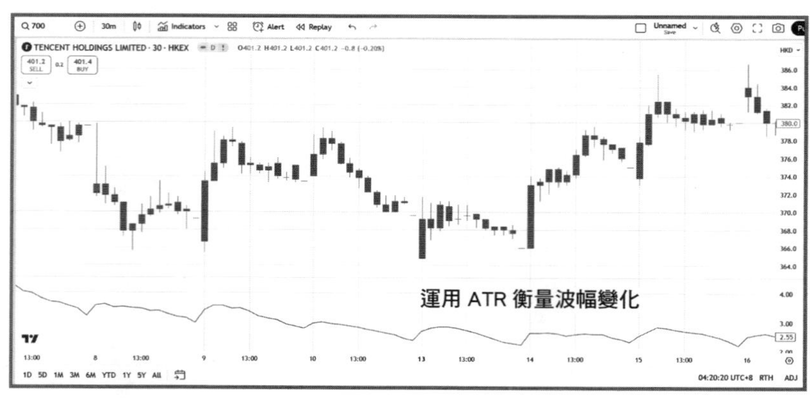

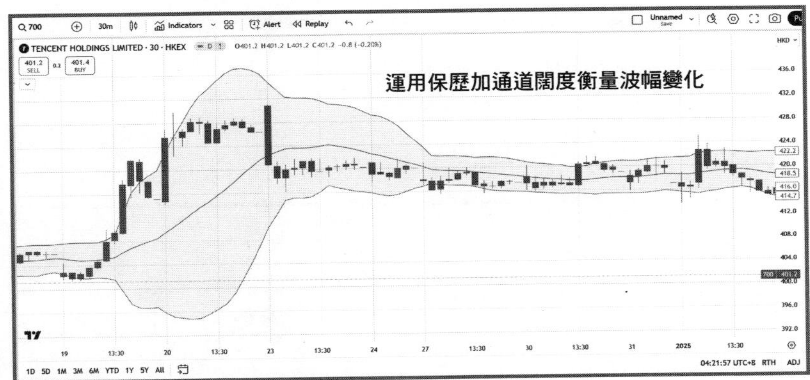

另外，一直以來，大部分人炒股時只會關注價格變化，也就是用不同的方法去分析股價走勢，判斷若屬強勢便買入，若屬弱勢便做空（造淡）。但其實近年市場的波幅越來越大，有些策略便是專門針對研究波幅變化來判斷入市位的。

而上一篇提及的短炒騰訊交易策略，就是很簡單地運用了高低位來衡量波幅，然後以波幅的變化來判斷入市時間。一個升浪由剛剛開始到升幅不斷擴大，波幅也會由低位開始上升。而這套策略的設計便是在波幅處於相對低位時入市，然後用 RSI(9) 來判斷平倉時間。

上一篇的程式碼中：

```
atr_para=3

for i = 1 to atr_para
    h1:=ta.highest(high[i], atr_para)
```

```
    l1:=ta.lowest(low[i], atr_para)
    range1 := h1-l1

atrp1 = (range1 / h1) * 100
```

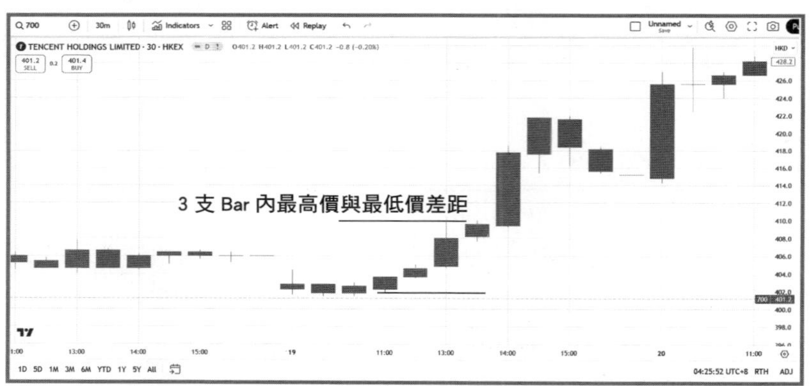

這部分先取過去 3 支 Bar 的最高價及最低價，然後用這個公式：

（（最高價 - 最低價）/ 最高價）x 100 來計算波幅

```
for i = 1 to atr_para
    h2:=ta.highest(close, atr_para)
    l2:=ta.lowest(close, atr_para)
    range2 := h2-l2

atrp2 = (range2 / h2) * 100
```

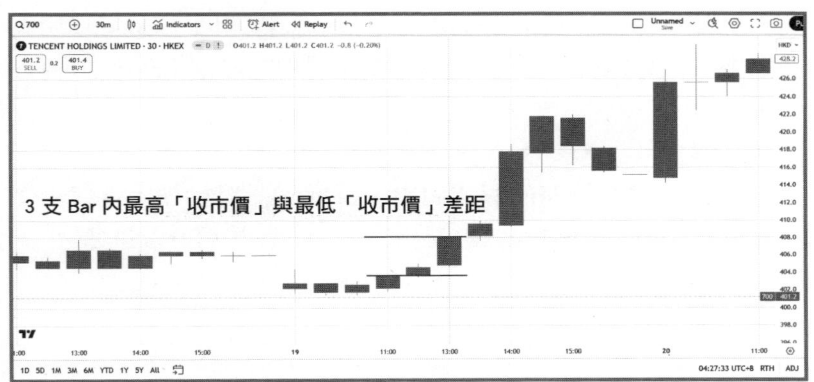

另外，這部分則是取過去 3 支 Bar 的最高收市價及最低收市價，然後用公式：

〔（最高收市價 - 最低收市價）/ 最高收市價〕x 100 來計算波幅

有了這兩個衡量波幅的數值後，便能作比較，看看波幅是收窄還是擴大。以上這兩部分的計算都較難透過人手觀察圖表來完成，但用程式計算便十分方便。

此外，若要比較波幅是否處於低位，可使用 ta.percentrank 這個語法：

```
A1 = ta.percentrank(atrp1, lookback)
A2 = ta.percentrank(atrp2, lookback)
```

ta.percentrank(source, length) 是計算某個「數值」在指定長度的時間內的百分位排名，然後會返回一個介於 0 到 100 之間的數值。例如，你寫 ta.percentrank(close, 100)，若返回了 50，這代表在過去 100 支 Bar 內，最新的收市價位居中間位置（即第 50 百分位）。

在短炒騰訊策略的程式碼中，lookback 設為 100，這代表使用 ta.percentrank 來衡量波幅在過去 100 支 Bar 的百分位排名。

接著你會看到：

buyCond = pivot
而：

pivot = rangepivot or closepivot
其中 rangepivot 的條件是：

(A1 <= percentile1) and (atrp1 <= 10)
而 closepivot 的條件是：

atrp2 <= Crange
而 percentile1、percentile2 及 Crange 的參數早已設定如下：

percentile1 = 30
percentile2 = 40
Crange = 4

條件一：

A1 <= percentile1 表示用最高價及最低價計算出的波幅，在過去 100 支 Bar 的百分位排名須等於或低於 30。

條件二：

atrp1 <= 10 表示用最高價與最低價計算出的波幅需等於或低於 10。

條件三：

atrp2 <= Crange 表示用最高收市價與最低收市價計算出的波幅需等於或低於 4。

符合條件一與條件二即可入市買入，又或只符合條件三也可入市。簡單來說，就是在波幅處於低位時入市。而平倉的準則則只是用了 RSI(9) 大於 90 便平倉。

大家看到這些解釋後，應該會有很多其他的想法。例如：策略沒有設計造淡的條件，而波幅擴大其實也有可能是大跌市的開始。另外，用來衡量波幅的方法其實不一定要用最高價及最低價，也可以使用 ATR 或其他方式。

事實上，大家在設計個人交易策略時，短炒騰訊這套策略中的各個部分，其實也可以嘗試加入到你自己的策略中，看看是否能進一步提升成效。

勝率適七成：專門短炒 SQQQ 的實戰策略

講解了短炒騰訊策略的 Pine Script 語法之後，筆者亦提及了一點：使用 ta.percentrank(source, length) 其實非常適合應用在一些短炒的策略上。

ta.percentrank(source, length) 是用來計算某個數值在指定時間內的百分位排名。排名越高，計算的結果就越大。我們在衡量波幅、近期新高、近期新低及其他指標的數值變化時，很多時候用來做比較的方法都過於簡單。例如，大家可能會比較一下 RSI 的數值是否比昨日高／低，又或是將 RSI 數值大於 50 的情況視為市況向好，小於 50 則視為市況轉淡。這類策略十分常見。

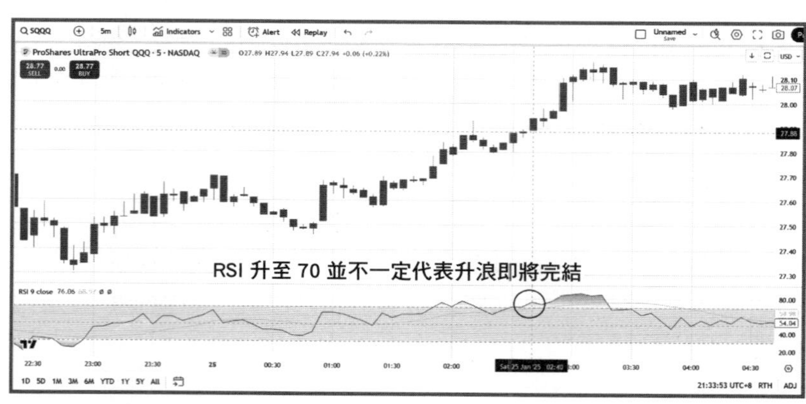

但在某些情況下，例如在過去一段時間內 RSI 一直在低位 20 附近徘徊，然後逐漸回升至 40 以上，雖然未升至 50，但其實已經代表市況逐步轉好。又例如 RSI 數值雖已升至 70，很多人會視為超買訊號，但若某股票早已展開一輪升浪，其後在高位稍作調整，RSI 數值一直徘徊在 60 至 70 之間，當其後 RSI 再突破 70 水平，這反而可能是新一輪升浪的開始。

因此，最好的方法是將 RSI 數值與過去一段時間作比較，而非僅以「是否大於 50」或「是否高於 70」作為市況判斷依據。這樣的做法顯然過於簡化，亦不夠合理。

事實上，除了 RSI 這個指標外，其他技術指標的數值也可以與過去一段時間的資料作比較。以下就是將短炒騰訊策略的程式碼修改後，變成專門造淡 SQQQ 的策略（運用 5 分鐘圖表）：

大家可以看到，這個策略十分簡單，重點只是運用了 ta.percentrank 來比較 ATR 的數值。但即使如此，其效果其實已經比許多交易策略為佳。

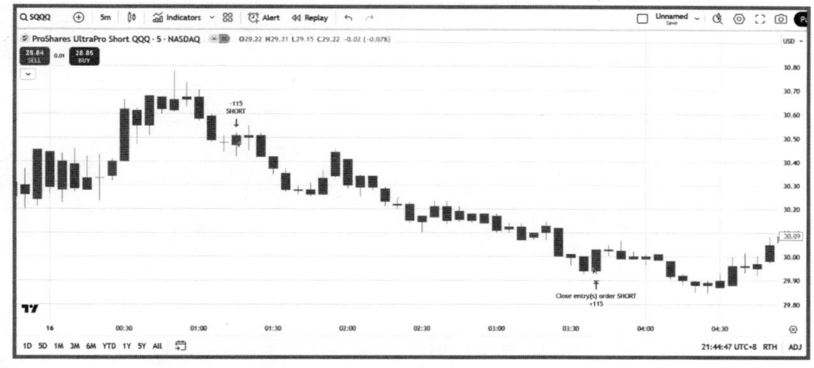

```
//@version=5

strategy(" 短 炒 SQQQ strategy 只 造 淡 策 略 ", overlay=true, initial_capital = 50000,  currency=currency.HKD, default_qty_type = strategy.percent_of_equity,  default_qty_value = 50)

atr_para=5
lookback=100
percentile1=30
percentile2=40

atr_value10=ta.atr(10)
atr_value20=ta.atr(20)
rs=ta.rsi(close,9)

A1 = ta.percentrank(atr_value20, lookback)

rangepivot = (A1 <= percentile2) and (A1 > percentile1)

pivot = rangepivot
noposition=strategy.position_size==0

shortCond= pivot and rs<60 and rs>40
closeCond1=rs>70
closeCond2=rs<30

if shortCond and noposition
```

```
    strategy.entry("SHORT",strategy.short)

if (closeCond2 and not noposition) or time_close>timestamp(year, month, dayofmonth, 16, 00)
    strategy.close("SHORT")
```

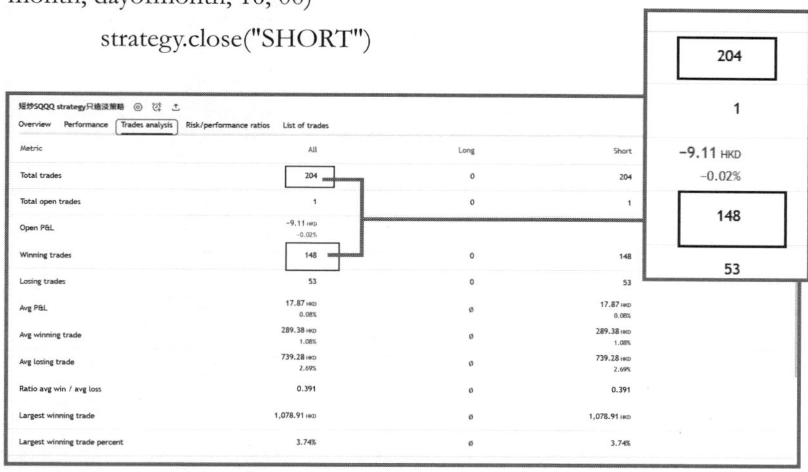

短炒SQQQ strategy只揸淡策略

Overview | Performance | Trades analysis | Risk/performance ratios | List of trades

Metric	All	Long	Short
Total trades	204	0	204
Total open trades	1	0	1
Open P&L	-9.11 HKD -0.02%		
Winning trades	148	0	148
Losing trades	53	0	53
Avg P&L	17.87 HKD 0.08%	ø	17.87 HKD 0.08%
Avg winning trade	289.38 HKD 1.08%	ø	289.38 HKD 1.08%
Avg losing trade	739.28 HKD 2.69%	ø	739.28 HKD 2.69%
Ratio avg win / avg loss	0.391	ø	0.391
Largest winning trade	1,078.91 HKD	ø	1,078.91 HKD
Largest winning trade percent	3.74%	ø	3.74%

短炒SQQQ strategy只揸淡策略 Deep Backtesting

Overview | Performance | Trades analysis | Risk/performance ratios | List of trades

Metric	All	Long	Short
Net profit	+3,645.97 HKD +7.29%	0 HKD 0.00%	+3,645.97 HKD +7.29%
Gross profit	42,827.75 HKD 85.66%	0 HKD 0.00%	42,827.75 HKD 85.66%
Gross loss	39,181.78 HKD 78.36%	0 HKD 0.00%	39,181.78 HKD 78.36%
Commission paid	0 HKD	0 HKD	0 HKD
Buy & hold return	-28,637.47 HKD -57.27%		
Max equity run-up	13,217.13 HKD 21.34%		
Max equity drawdown	9,565.86 HKD 15.61%		
Max contracts held	136	0	136

Backtest 結果顯示，由 2024 年 1 月 18 日至 2025 年 1 月 30 日期間，策略共交易了 204 次，當中有 148 次獲利，勝率達 72.55%。但該策略的缺點是最大回撤（Max drawdown）會偏高。

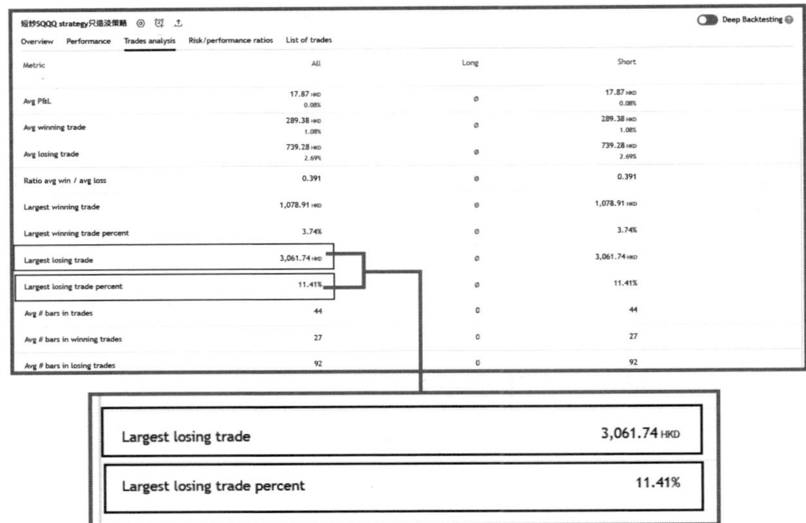

短炒SQQQ strategy只追淡策略

Overview | Performance | Trades analysis | Risk/performance ratios | List of trades

Deep Backtesting

Metric	All	Long	Short
Avg P&L	17.87 HKD 0.08%	0	17.87 HKD 0.08%
Avg winning trade	289.38 HKD 1.08%	0	289.38 HKD 1.08%
Avg losing trade	739.28 HKD 2.69%	0	739.28 HKD 2.69%
Ratio avg win / avg loss	0.391	0	0.391
Largest winning trade	1,078.91 HKD	0	1,078.91 HKD
Largest winning trade percent	3.74%	0	3.74%
Largest losing trade	3,061.74 HKD	0	3,061.74 HKD
Largest losing trade percent	11.41%	0	11.41%
Avg # bars in trades	44	0	44
Avg # bars in winning trades	27	0	27
Avg # bars in losing trades	92	0	92

Largest losing trade	3,061.74 HKD
Largest losing trade percent	11.41%

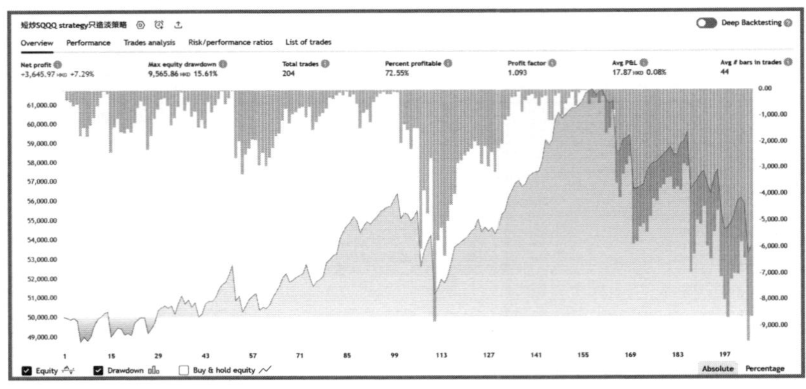

不過，觀察整體交易過程，在整個年度內，只有極少時間出現資金為負的情況。整體資金曲線表現算是穩定增長，平均每次持倉為 44 支 Bar。由於是 5 分鐘圖表，這表示平均持倉時間大約為 3.6 小時左右。

當然，這個策略仍然有很多可以改良的地方。筆者撰寫這篇文章的重點，是希望大家能學習如何使用 ta.percentrank 來撰寫交易策略。大家亦可嘗試自行進一步改良這個策略，例如加入其他技術指標，或加入造好的入市準則等。

Part 03

優化技術指標參數的問題

這一篇文章會講解一個在利用程式設計交易策略時十分重要的問題。記得有學員曾問筆者，Trading View 好像不能自動為 Backtest 結果優化參數，若要做這類工作便只能使用 MultiCharts 或 AmiBroker。

但筆者想回應的是，其實自己早已不再進行優化參數的過程，而是撰寫策略時直接讓程式根據市況波幅來改變參數。這樣的效果，一定比單純利用歷史數據進行參數優化來得更好。

筆者相信大家的 Daytrade 策略都會運用技術指標，但技術指標該使用哪一組參數呢？ RSI 用 (3)、(5)、(9)、(14)，哪一個才是最好？ MACD 是用 (12,26,9)、(5,35,5)、(6,35,9)，又是哪一組才是最合適的？

雖然程式可以幫助你進行參數優化的工作，但大家應該會發現，不論怎樣優化，結果似乎也不是如你所願。若你的交易策略是做「過夜倉」，那麼運用程式優化參數可能還有幫助。

然而，若你使用的是 Daytrade 策略，任何事前的參數優化過程其實都未必有太大用處。因為沒有人能在開市前就準確預測當天的波幅變化，只能在開市後根據實際波幅進行調整。

在過年的長假期裡，會有一個特別的 Trading View 教學，筆者將會教大家如何撰寫「根據即時波幅自動調整技術指標參數」的策略。

可以先看看以下圖表：

假設大家的 Daytrade 策略是當 RSI 升至 70 的超買區時便買入。由於 RSI 到達超買區通常是升浪最急的階段，這類買入方式可用作追逐一些超短線的利潤。

但只要實際運用 RSI 一段時間後，不少人便會發現，在升浪中，參數越小的 RSI 越快到達超買區，這表示能更早把握入市的機會，進而賺取更多利潤。例如，RSI(3) 明顯比 RSI(9) 變動得快。

不過，變動越快的指標並不一定代表越好。升浪當中，過快的指標可能會過早發出入市訊號，從而產生誤導。

如下圖所示：

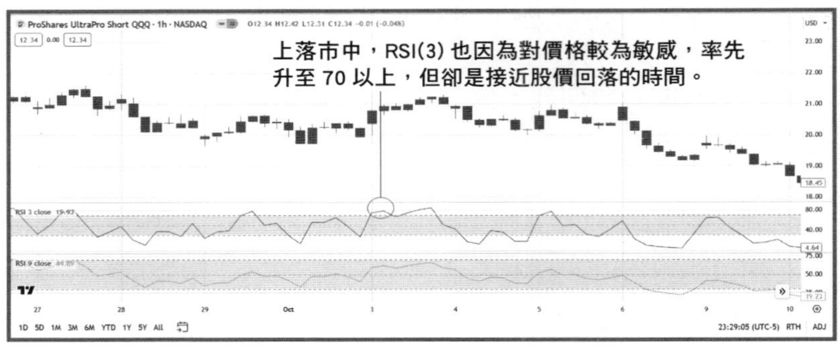

在上落市中，RSI(3) 因對價格較為敏感，會率先升至 70 以上，但那往往已是股價即將回落的時間。

因此，一直以來都有很多人希望能透過程式優化 RSI 的參數。過去，大多數人是利用歷史數據進行優化，使用 MultiCharts 或 AmiBroker 來進行練習。我們也與不少學員一起實踐過。但這類優化過程最終只能得出一個「最佳參數」，意思是在過去某段時間內，某個 RSI 參數的表現優於其他參數。

然而，有了這個結果後，你只能在開市前選定這個參數，並整個交易日都沿用它。例如，若 Backtest 結果顯示 RSI(5) 表現最佳，那你便會在開市前設定 RSI(5)，接下來即日內每次交易也都使用這個參數。

但我們真正想要的，是程式能在即市中根據波幅變化，自動幫助我們改變 RSI 的參數以進行交易。

例如，波幅擴大時使用 RSI(3)，因為指標更容易升至超買區，能更早入市。但當波幅收窄，形成上落市時，則應自動轉為 RSI(14) 或更大的參數。這樣 RSI 不會太容易升至超買區，避免被誤導。甚至當波幅收窄時，程式可以自動將策略從「RSI 升至超買區買入」轉為「RSI 升至超買區造淡」，如此一來，策略就能根據即市波幅靈活調整，交易回報肯定會更好。

請參考以下例子：

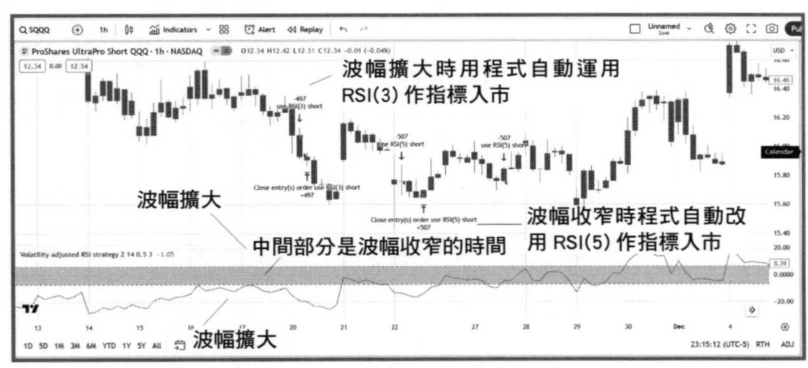

在一個跌浪中，這套策略會自動改變 RSI 的參數。起初用 RSI(5) 做判斷，當 RSI 跌至 30 以下便造淡。其後，跌浪已發展一段時間，程式會自動切換為 RSI(3) 作判斷，同樣是當 RSI 跌至 30 以下便造淡，但因入市時間更早，便能避免在低位追沽而遇上反彈。當波幅開始收窄時，程式則會改用 RSI(9) 作判斷。此時，不再出現造淡訊號，成功避開反彈市帶來的虧損。

其實不只是 RSI，MACD 也是一個非常熱門的技術指標。由於 MACD 含有平均線的計算，其預測能力相對不錯，但其入市訊號往往出現得較慢。因此，不少人嘗試改用 Zero Lag MACD，以便更快捕捉買入機會。然而，訊號出現得更快並不代表效果更佳。因為在不同市況下，有時早點入市會較有利，但有時卻容易掉進陷阱，在高位高追，或在低位繼續追沽。

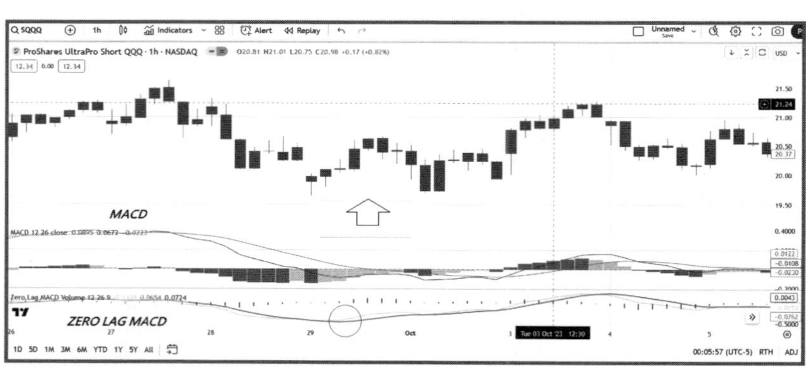

那麼，有沒有方法可以讓程式根據市況變化，自動選擇該使用傳統 MACD 還是 Zero Lag MACD 入市？其實這是完全做得到的，有關的方法也會在課程再教大家。

筆者近年一直致力推廣 Trading View 的學習，原因就是如此。過去筆者寫過很多書，也提及過不少交易策略，但運用程式交易，可以修正許多策略上的缺點，使其更能適應市場變化。這些正是筆者希望每一位學員都能學會的技能。

用 Pine Script 寫 Inner Circle Trader（ICT）策略

Inner Circle Trader（ICT）是由 Michael J. Huddleston 創立的一個交易教育平臺。在 Youtube 大家也看到很多有關的視頻，之前有不少投資者會學習這套交易策略來炒幣，其後也越來越多人嘗試用來 Daytrade 期指或美股。

由於 ICT 涉及很多他自創的專有名詞，筆者需要幾天來逐步講解，相信也有部分學員是從未聽過這套策略的，也可以透過 Patreon 的文章來了解這套交易方法。ICT 十分強調 SMC（Smart Money Concept），意思就是要看「聰明錢」在做甚麼。

他強調市場總是有人在「操控」的，至於操控的人是誰並不重要，重要的是這些操控市場的資金總會是先讓大部份散戶止蝕離場，然後才會推高股價。例如股價看似已跌至低位並開始反彈，

但突然間又會再創新低，這時候很多散戶也會止蝕離場，不過，當散戶都止蝕離場後，股價又會大幅反彈。

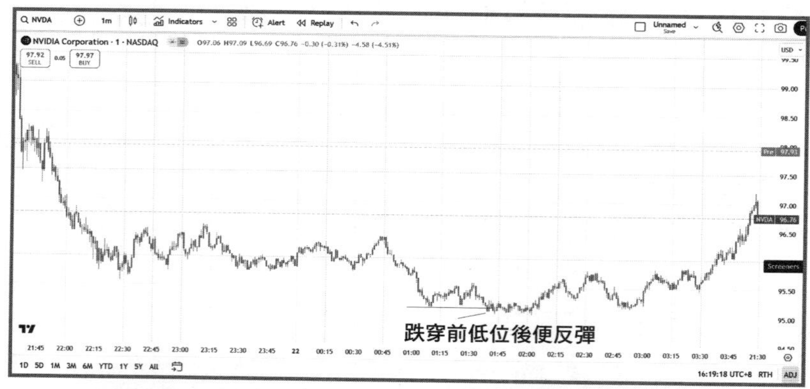

例如以上 Nvidia（US:NVDA）的 1 分鐘圖可看到，股會在開市後便急跌，到了 01:09 其股價好像已跌至低位並有支持，不過很快股價又再創新低，創新低後隨時令更多散戶止蝕，惟其後股價便開始反彈。

這是 ICT 的重要概念之一，另外 ICT 還提及機構訂單流（Institutional Orderflow）、市場結構（Market Structure）、結構轉變（Change of Character, CHoCH）、結構突破 (Break of Structure, BOS)、訂單塊（Order Blocks, OB）及失衡區（Fair Value Gap, FVG）。

看到這一大堆名詞，大家也不用太擔心，筆者會逐一講解，即使你是新手也會明白 ICT 的用法。今天先明白這些名詞，然後筆者會講解有關的用法，以及如何運用 Pine Script 及富途平台的語法制成指標。

其實所謂機構訂單流（Institutional Orderflow）只是 ICT 認為市場不只是有買方及賣方，應該將資金分為「聰明錢」及「散戶投機的錢」。而市場結構（Market Structure）則代表了市場可分為「上升」、「下跌」及「整固」三種情況。

基本上 ICT 不說我們也知道這些事情，不過就要記一下這些名稱，因為大家在網上搜尋有關 ICT 的資料時，也會看到大量的人運用這些名稱來作講解。

然後要知道的是怎樣屬於結構轉變（Change of Character, CHoCH），簡單來說就是市場持續下跌後開始作出反彈，並升穿前高位。又或者市場持續上升後開始調整，並跌穿前低位。ICT 認為這是一個市場的關鍵變化，因為現有的市場結構被打破，導致趨勢作出反轉。

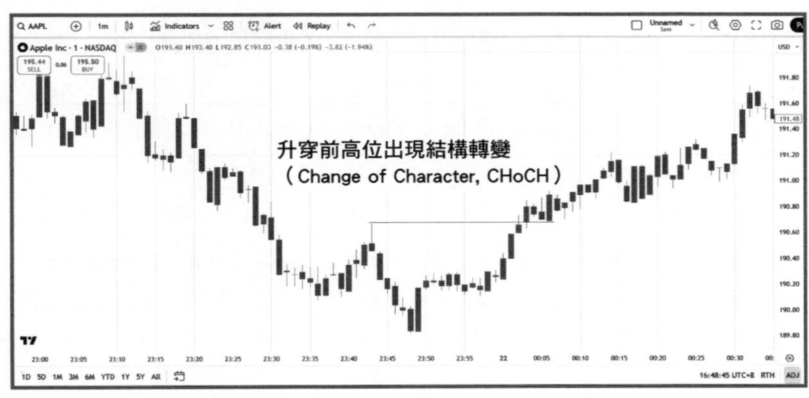

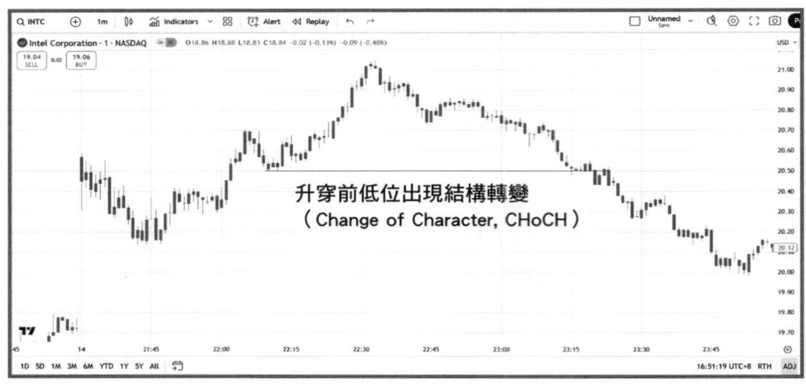

至於結構突破（Break of Structure, BOS）、其實就只是一個上升趨勢中，在稍為調整後又再創新高，又或者在一個下跌趨勢中，稍為反彈後又再創新低。ICT 認為這代表了趨勢進一步的延伸，價格沿其原有的方向進一步移動。

以上的應該大家也不難明白，比較難理解的是訂單塊（Order Blocks, OB）及失衡區（Fair Value Gap, FVG），而這部分也是最重要的，因為價格觸及訂單塊或失衡區就是入市的時間。

訂單塊（Order Blocks, OB）是指價格大幅上升或下跌之前，最後一支「反向」的 Bar 的範圍。簡而言之就是大跌後開始反彈，在反彈前最後的一支「陰燭」，又或者大升後開始回落，在回落前最後一支「陽燭」。

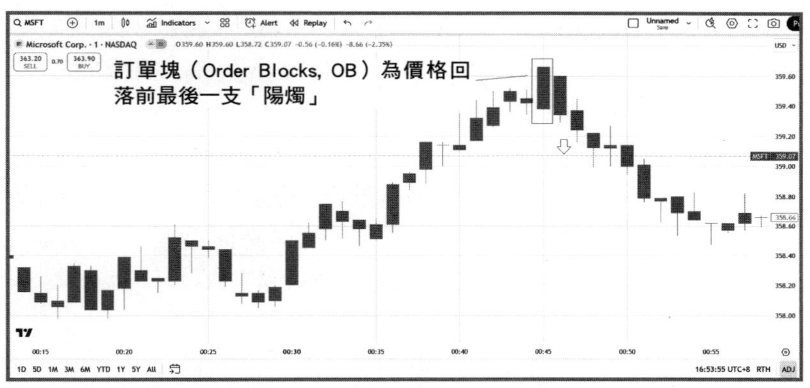

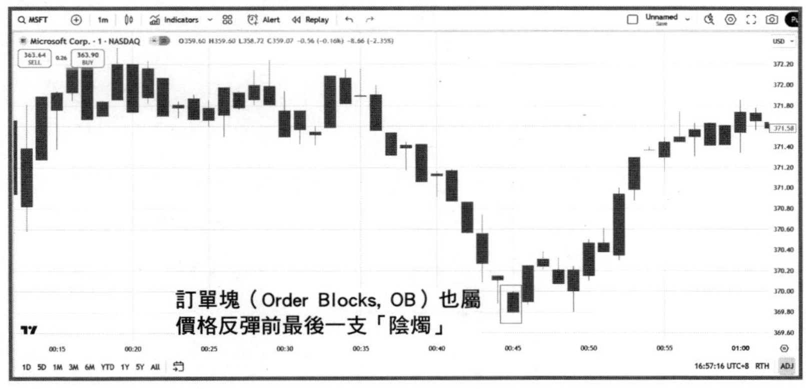

ICT認為反彈前最後的一支「陰燭」或在回落前最後一支「陽燭」其實都是「聰明錢」入市的時間，也是他們入市的「成本價」，要賺錢就要跟隨「聰明錢」入市，同時要知道他們的入市價位。

而且ICT認為，這個價位因為機構入市的量會很大，所以會有大量未完成的單，他們會把買單或賣單一直保留，只要價格再回落至這個價位便會買入，或再反彈至這個價格就會造淡，所以會提供很強的支持或阻力。

另外失衡區（Fair Value Gap, FVG）的意思就是，大家先留意股價反彈時有否出現連續三支 Bar 上升，又或者在股價回落時出現連續三支 Bar 下跌。

三支 Bar 都在上升，最高價自然會一支比一支高，但重點是第三支 Bar 的最低價沒有與第一支 Bar 的最高價重疊，然後第三支 Bar 最低價與第一支 bar 最高價的距離就是 FVG。

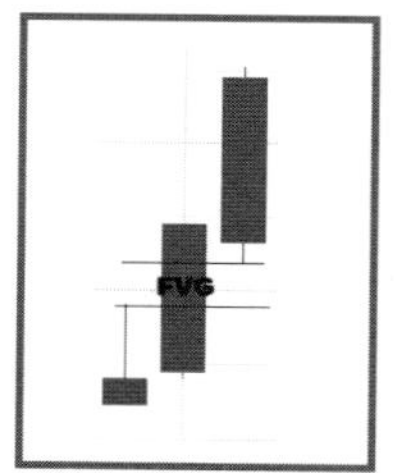

同樣地，若三支 Bar 都在下跌，最低價也一支比一支低，重點是第三支 Bar 的最高價沒有與第一支 Bar 的最低價重疊，而第三支 Bar 最高價與第一支 Bar 最低價的距離也是 FVG。

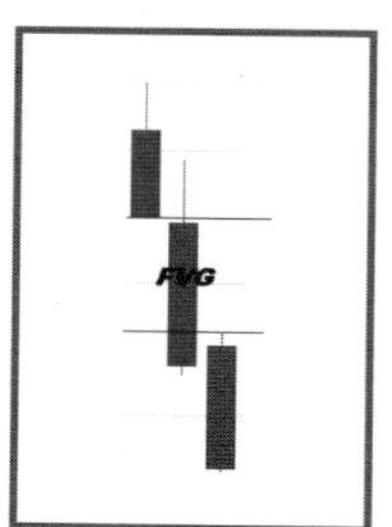

ICT 認為「聰明錢」除了會在訂單塊（Order Blocks, OB）的部分入市外，也會在 FVG 的範圍入市，所以 FVG 同樣有強大的支持及阻力。

ICT 有很多的「專有名詞」，但其實概念並不複雜。他的入市準則就是由這幾部分組成，首先「聰明錢」，意思就是來自機構的資金會先自制一個「假升穿」或「假跌穿」的現象，例如指股價質低並跌穿了前低位，又或把股價推高令其升穿前高位，前者會令已買入的散戶止蝕離場，後者則會令已造淡的散戶止蝕平倉。

但當散戶止蝕後，股價就會逆轉，例如先跌穿了前低位後，由於有大量散戶止蝕沽貨，機構投資者就會承接這大量的沽盤，若沒有出現這種情況，機構投資者直接買入某股票可能會推升了股價，入市成本就會增加。

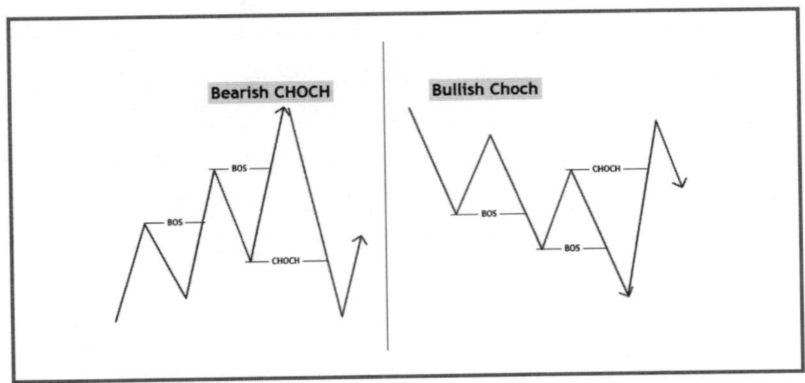

而股價先跌穿前低位，其後再反彈並升穿前高位的過程，ICT 就稱之為結構轉變（Change of Character, CHoCH）。不過我們並非留意到結構轉變便立即跟隨買入，ICT 認為，即使股價升穿前高位後，其實很多機構投資者是「未買夠」的，他們仍然會掛出大量的買盤，而這些買盤自然不會用市價單去再追貨，他們會在兩個位置掛出大量的買盤，若股價再回落，他們便有機會買

入更多股份。而這兩個位置就是訂單塊（Order Blocks, OB）及失衡區（Fair Value Gap, FVG）的位置。

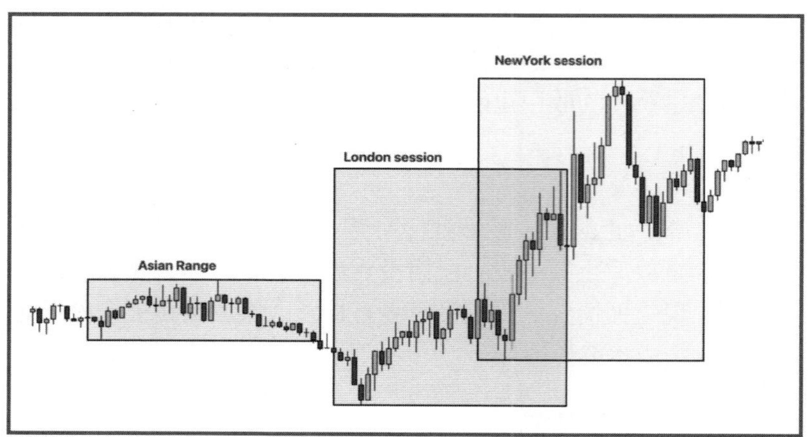

其實原理也十分簡單，不過 ICT 策略還十分注重時間，由於這套策略最多人運用在炒外匯及炒幣，ICT 認為只有在「適當的時間」入市策略才有效，在 ICT 策略中不同時間會稱為 Killzone，所謂 killzone 大致分成「亞洲時段」、「倫敦時段」、「紐約早上時段」，「紐約下午時段」。

(紐約時間)
亞洲時段：　20:00 - 00:00
倫敦時段：　01:00 - 04:00
紐約早上時段：08:00 - 11:00
紐約下午時段：13:30 - 16:00

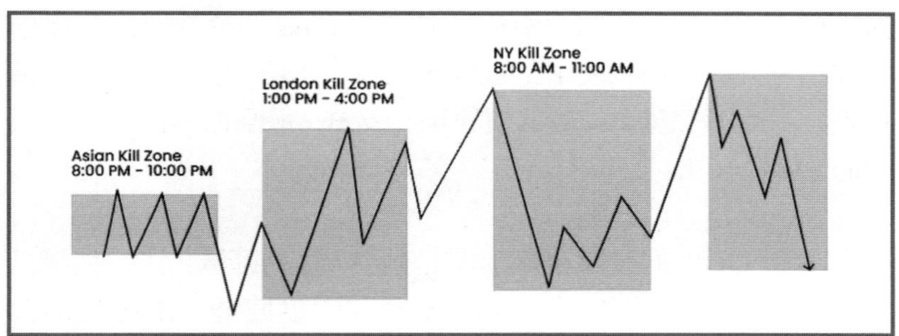

亞洲時段由於流動性較少，其實不太適合入市，歐洲時段就大多會出現「假升穿」、「假跌破」的現象，到了紐約早上時段就會有主力進場，而紐約下午時段則走勢有機會逆轉。但這應用在炒外匯或炒幣可能適用，若大家把 ICT 策略應用在炒美股或美期，其實正股市場開市後就可以。

例子：

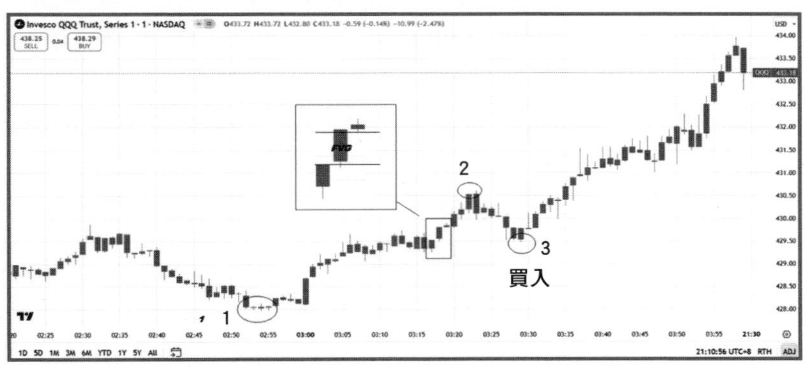

納指 ETF（US:QQ）1 分鐘圖可以看到，當晚 02:54 出現「假跌穿」，先跌穿前低位後就開始反彈，其後股價再明顯升穿前高位，代表了結構轉變（Change of Character, CHoCH）已經出現，

而出現結構轉變前，過程中曾出現「三支 Bar 都在上升，最高價一支比一支高，第三支 Bar 的最低價沒有與第一支 Bar 的最高價重疊」，而第三支 Bar 最低價與第一支 Bar 最高價的距離就是所謂的 FVG。

其後 QQQ 的股價在 03:30 回落至 FVG 的區域，由於機構投資者會有大量的買盤在這區域，股價又再度回升，當晚在 03:30 至收市前這半小時內，股價由 429.5 美元升至接近 434 美元。

以下是用 Pine Script 寫 ICT 策略的代碼：

```
//@version=5
strategy("ICTStrategy1",overlay=true,initial_capital=100000,
default_qty_type=strategy.percent_of_equity, default_qty_value=10)

MY_MA = ta.sma(close, 50)

tr1 = math.max(math.max(high - low, math.abs(close[1] - high)),
math.abs(close[1] - low))
MY_ATR = ta.sma(tr1, 14)
BUFFER = MY_ATR * 0.5
MIN_GAP = 0.5

SH = high[2] > high[3] and high[2] > high[1]
SL = low[2] < low[3] and low[2] < low[1]

prevHigh = ta.valuewhen(SH, high[2], 0)
```

```
prevLow = ta.valuewhen(SL, low[2], 0)

wickBear = high > prevHigh and close < prevHigh and (high - close) > math.abs(open - close)
wickBull = low < prevLow and close > prevLow and (close - low) > math.abs(open - close)

prevSwingLow = low[3]
prevSwingHigh = high[3]
chochBull = low < prevSwingLow and high > prevSwingHigh
chochBear = high > prevSwingHigh and low < prevSwingLow

obBull = chochBull and (close - open) > math.abs(close[1] - open[1])
obBear = chochBear and (open - close) > math.abs(open[1] - close[1])

fvgUp = low[1] > high[3]
fvgDn = high[1] < low[3]

rsi9 = ta.rsi(close, 9)

buy_signal = wickBull or chochBull or obBull or fvgDn
sell_signal = wickBear or chochBear or obBear or fvgUp

var bool in_long = false
var bool in_short = false
```

```
if (buy_signal and not in_long)
    strategy.entry("Long", strategy.long)
    in_long := true
    in_short := false

if (sell_signal and not in_short)
    strategy.entry("Short", strategy.short)
    in_short := true
    in_long := false

if (in_long)
    if (rsi9 >= 70)
        strategy.close("Long", comment="TP by RSI 70")
        in_long := false
    else if (rsi9 <= 20)
        strategy.close("Long", comment="SL by RSI 30")
        in_long := false

if (in_short)
    if (rsi9 <= 30)
        strategy.close("Short", comment="TP by RSI 30")
        in_short := false
    else if (rsi9 >= 80)
        strategy.close("Short", comment="SL by RSI 70")
        in_short := false
```

首先 ICT 這個策略，大家做 Backtest 也會發現，勝率一般不會太高，這不是 ICT 沒有用，而是當中有很多主觀的因素，包括「突破的準則」等要作出很多的修改，可以看到若果用市場上最多人運用的準則來寫 ICT 策略，勝率只有 46.77%。

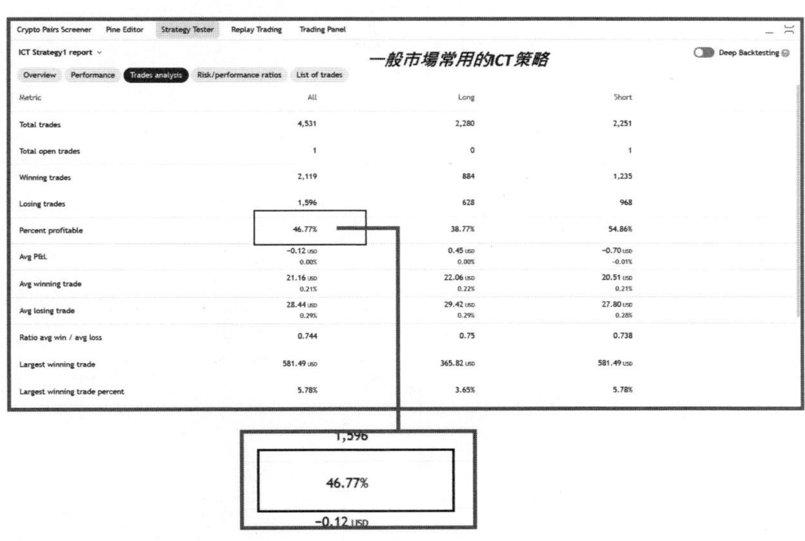

Metric	All	Long	Short
Total trades	4,531	2,280	2,251
Total open trades	1	0	1
Winning trades	2,119	884	1,235
Losing trades	1,596	628	968
Percent profitable	46.77%	38.77%	54.86%
Avg P&L	-0.12 USD 0.00%	0.45 USD 0.00%	-0.70 USD -0.01%
Avg winning trade	21.16 USD 0.21%	22.06 USD 0.22%	20.51 USD 0.21%
Avg losing trade	28.44 USD 0.29%	29.42 USD 0.29%	27.80 USD 0.28%
Ratio avg win / avg loss	0.744	0.75	0.738
Largest winning trade	581.49 USD	365.82 USD	581.49 USD
Largest winning trade percent	5.78%	3.65%	5.78%

但這個策略其實透過「改良」後就能大幅提升勝率，例如可以把不同 timeframe 的 ICT 入市訊號綜合，由於不同的 timeframe 判斷「高低位」的方法應有不同，ICT 的原理是先向下／向上假突破，然後才在相反的方向有結構轉變，但最困難的是怎樣去介定是突破，你必需先設定一個高低位作突破的準則，但不同的 time frame 例如 5 分鐘圖與 1 分鐘圖，由於 1 分鐘圖的走勢會比較波動，設定高低位的方法就應該與 5 分鐘有分別。

用這種方法改良後，這是執筆時當晚用作 Daytrade Nvidia（US:NVDA）的入市訊號：

Part 03

Bactest Report 如下：

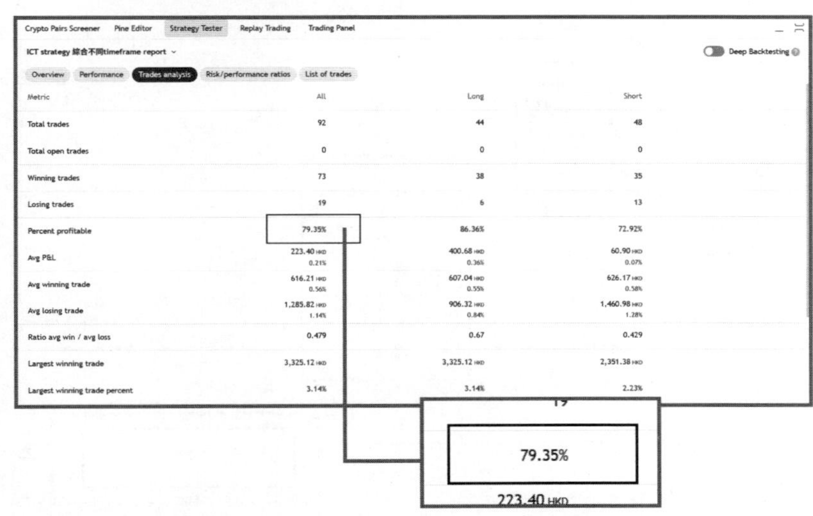

Metric	All	Long	Short
Total trades	92	44	48
Total open trades	0	0	0
Winning trades	73	38	35
Losing trades	19	6	13
Percent profitable	79.35%	86.36%	72.92%
Avg P&L	223.40 HKD 0.21%	400.68 HKD 0.36%	60.90 HKD 0.07%
Avg winning trade	616.21 HKD 0.56%	607.04 HKD 0.55%	626.17 HKD 0.58%
Avg losing trade	1,285.82 HKD 1.14%	906.32 HKD 0.84%	1,460.98 HKD 1.28%
Ratio avg win / avg loss	0.479	0.67	0.429
Largest winning trade	3,325.12 HKD	3,325.12 HKD	2,351.38 HKD
Largest winning trade percent	3.14%	3.14%	2.23%

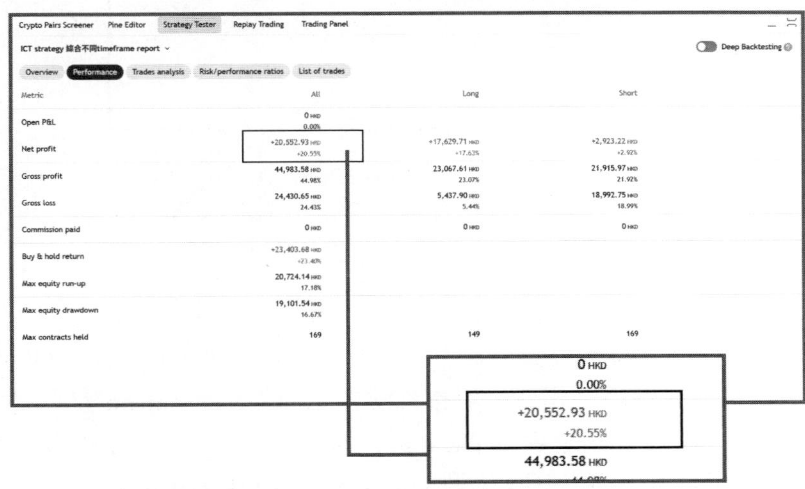

Metric	All	Long	Short
Open P&L	0 HKD 0.00%		
Net profit	+20,552.93 HKD +20.55%	+17,629.71 HKD +17.63%	+2,923.22 HKD +2.92%
Gross profit	44,983.58 HKD 44.98%	23,067.61 HKD 23.07%	21,915.97 HKD 21.92%
Gross loss	24,430.65 HKD 24.43%	5,437.90 HKD 5.44%	18,992.75 HKD 18.99%
Commission paid	0 HKD	0 HKD	0 HKD
Buy & hold return	+23,403.68 HKD +23.40%		
Max equity run-up	20,724.14 HKD 17.18%		
Max equity drawdown	19,101.54 HKD 16.67%		
Max contracts held	169	149	169

改良後勝率提高至 79.35%，用 10 萬港元本金，在過去兩個月的回報為 20,552 港元。

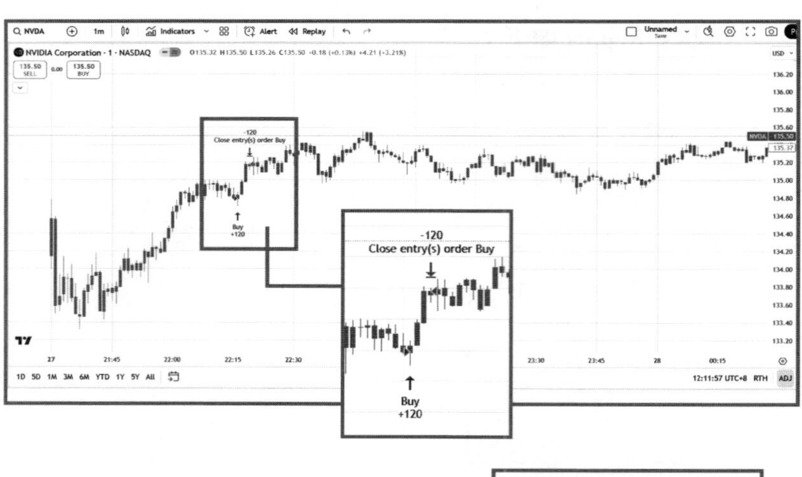

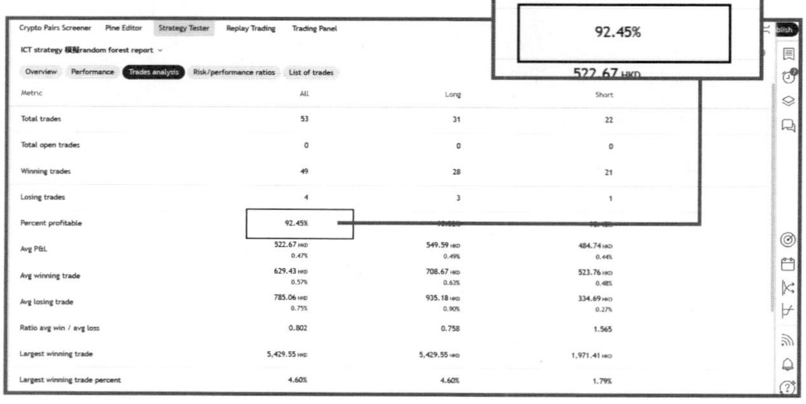

Metric	All	Long	Short
Total trades	53	31	22
Total open trades	0	0	0
Winning trades	49	28	21
Losing trades	4	3	1
Percent profitable	92.45%	[illegible]	[illegible]
Avg P&L	522.67 HKD 0.47%	549.59 HKD 0.49%	484.74 HKD 0.44%
Avg winning trade	629.43 HKD 0.57%	708.67 HKD 0.63%	523.76 HKD 0.48%
Avg losing trade	785.06 HKD 0.75%	935.18 HKD 0.90%	334.69 HKD 0.27%
Ratio avg win / avg loss	0.802	0.758	1.565
Largest winning trade	5,429.55 HKD	5,429.55 HKD	1,971.41 HKD
Largest winning trade percent	4.60%	4.60%	1.79%

另外，筆者在 Youtube 也有教過大家模擬 Random Forest 的原理來改良策略及指標，嚴格來說在 Youtube 及 Patreon 教大家用 Pine Script 寫的是模擬 Random Forest 行為的「多因子投票系統」，因為現在的「因子來源」是人手選的，但若用 Python 寫的 Random Forest 是機器學習模型，能夠自動從資料中找出最有效的分割條件。

但用「多因子投票系統」已能將很多的指標變得更好，例如用「多因子投票系統」把 ICT 的訊號改良後，同樣用 1 分鐘圖 Daytrade Nvidia，交易訊號會減少，但勝率進一步提升至 92.45%，過去兩個月的回報也提高到 27,701.62 元。

兩個改良版的 ICT 策略，筆者都會給訂閱 Patreon 的學員使用，大家除了可用這兩個改良後的 ICT 策略自行做 Backtest 外，也可以運用 real time data 發出入市計號作提醒，還可以直接 autotrade。

筆者 Patreon: https://www.patreon.com/c/quantshk

用 Pine Script 寫凱利公式（一）

應該不少炒家都認為愛德華・索普（Edward Thorp）是一位傳奇人物。他曾成立全球第一家對沖基金，也透過數學公式下注，橫掃各大賭場。他創出的 21 點「數牌」方法更被編寫成書籍《BEAT THE DEALER》，書中亦提及到凱利公式的用法。

其實，凱利公式並不困難，整個算式只是「加、減、乘、除」，計算時毫無難度。但許多交易員都認為，若想在市場上長期獲利，就必須充分理解凱利公式的原理與應用。

簡單來說，Edward Thorp 認為在不同勝算下，下注金額的多寡至關重要。只要下注的金額正確，從長遠來看，你一定能賺錢。例如，假設有一場賭局：擲硬幣猜正反。你輸和贏的概率分別為 50%，並且假設你贏的時候淨收益率為 1，而輸的時候淨損失率為 0.5，那其實你已是「必賺」，你可以先計算一下這場賭局的期望收益率是否達到 0.25。

計算公式如下：

勝率 × 淨收益率－負率 × 淨損失率 ＝ 0.5×1 − 0.5×0.5

＝ 0.25

若要達到近乎「必賺」的效果，便要透過凱利公式來下注：

凱利公式：

$$f^* = \frac{bp - q}{b}$$

其中，b 為盈虧比、p 為勝率、q 為虧損概率（即 q = 1　p）

例子：
F = 0.25 / (1 × 0.5) = 0.5

這裡的 0.5 代表每次下注 50% 資金。

如果每次都是贏時贏 1 元、輸時輸 0.5 元，那即使只有 50% 的勝率，大約交易 78 次，你的資金已接近翻倍。

此外，也有人會將凱利公式運用在賭馬上。賭馬時，許多熱門馬匹至少有兩至三倍倍率。如果有人經常提供貼士給你，甚至只是參考報章上的所謂「貼士」，即使這些貼士只有五成多一點的命中率（例如九場馬中中五場），依然可以透過凱利公式進行下注。這是因為，若賠率經常達到兩倍以上，只要合理分配注碼，從長遠來看便能穩定獲利。

當然，這只是理論，因為當你連輸三次或四次時，便可能會開始懷疑策略的可靠性。這已不是公式的問題，而是人性的挑戰。

其實，炒股與賭馬所面對的人性問題本質是一樣的。同樣地，炒股也能運用凱利公式。

假設你已擬定一個交易策略，並從 Backtest 報告中得出以下數據：

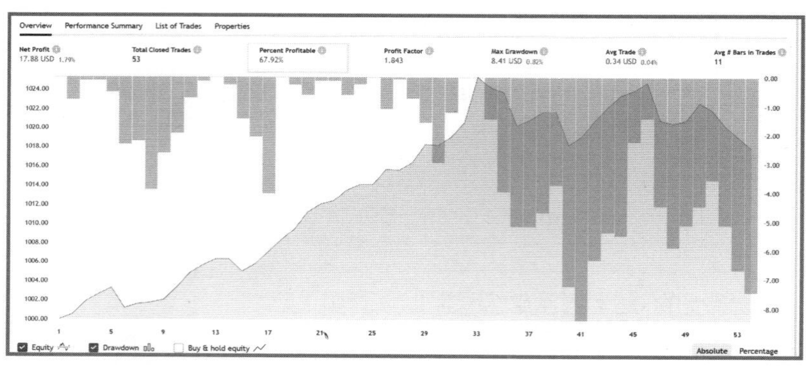

Overview　Performance Summary　List of Trades　Properties

Title	All	Long	Short
Total Closed Trades	53	44	9
Total Open Trades	0	0	0
Number Winning Trades	36	31	5
Number Losing Trades	14	10	4
Percent Profitable	67.92%	70.45%	55.56%
Avg Trade	0.34 USD 0.04%	0.40 USD 0.04%	0.02 USD 0.00%
Avg Winning Trade	1.09 USD 0.11%	1.10 USD 0.11%	0.99 USD 0.10%
Avg Losing Trade	1.51 USD 0.16%	1.64 USD 0.17%	1.20 USD 0.14%
Ratio Avg Win / Avg Loss	0.717	0.672	0.825
Large[illegible] Winning Trade	4.73 USD 0.50%	4.73 USD 0.50%	1.82 USD 0.19%
Large[illegible] Losing Trade	3.90 USD 0.38%	3.90 USD 0.38%	3.48 USD 0.36%
Avg # [illegible]ars in Trades	11	10	12
Avg # [illegible]ars in Winning Trades	9	9	10
Avg # [illegible]ars in Losing Trades	17	17	16

Avg Winning Trade	1.09 USD 0.11%
Avg Losing Trade	1.51 USD 0.16%
Ratio Avg Win / Avg Loss	0.717

- 勝率為 67.92%
- Avg Winning Trade 為 0.11%
- Avg Losing Trade 為 0.16%
- Ratio Avg Win / Avg Loss = 0.717

有了這些數據後，你便可以代入凱利公式中計算每次應該投入的資金比例：

$$F = (0.6792 \times 0.717 - (1 - 0.6792)) / 0.717$$
$$= (0.4869 - 0.3208) / 0.717 \approx 0.23$$

假設你有十萬元本金，那每次就只應投入約 23% 進行交易，即約 2.3 萬元。

在 Pine Script 中，撰寫凱利公式也非常簡單。例如昨日提及的 Daytrade 美股台積電的方法，若套用凱利公式，其寫法如下：

```
//@version=5

strategy("TSM strategy", overlay=true,
     pyramiding=0, initial_capital=100000, default_qty_type = strategy.percent_of_equity ,
    commission_type=strategy.commission.cash_per_order,
    commission_value=4, slippage=2)

dc = request.security("2330", "D", close, lookahead=barmerge.lookahead_on)
```

```
fair_value = dc * 5 / 32.38

diff = close - fair_value

diff_avg = ta.sma(diff, 100)

p = 0.7963

b = 0.817

q = 1 - p

「f = ((b p - q) / b ) * 100」

rs = ta.rsi(close, 9)

var bool traded = false

noposition = strategy.position_size == 0

buyCond = ta.crossover(diff, diff_avg) and noposition and rs < 70

CloseCond = rs > 70 or time_close > timestamp(year, month, dayofmonth, 15, 50)

if buyCond and noposition and not traded
    strategy.entry("BUY", strategy.long, qty=f)
```

```
    traded := true

if (CloseCond and not noposition)
    strategy.close("BUY")

if ta.change(time("D")) != 0
    traded := false

plot(diff, color=color.red)
plot(diff_avg, color=color.blue)
```

請留意，在 strategy 的部分必須加入 initial_capital = 100000 及 default_qty_type = strategy.percent_of_equity 兩項設定。

另外，在 strategy.entry 中必須加上 qty=f 這部分，以便設定每次的入市比例。

運用凱利公式後，可能會明顯看到 Maximum Drawdown 有所下降；但值得注意的是，若策略本身的盈虧比率（Profit ／ Loss Ratio）低於 1，那麼在真實交易中仍然會比較辛苦，因為你需要承受更大的心理壓力才能最終賺到錢。

用 Pine Script 寫凱利公式（二）

如果大家有看過《A Man for All Markets: From Las Vegas to Wall Street, How I Beat the Dealer and the Market》一書，應該更加能感受到 Edward Thorp 有多厲害。此書的中文譯名為《他是賭神，更是股神：從賭城連贏到華爾街的天才數學家，關於風險、財富和人生的第一手告白》。確實，Edward Thorp 不僅贏了賭場，也在股市中大賺。

他的自傳透露，有些賭場對他的敵意越來越大。曾經有一次，他賭了很長時間後，在賭場的餐廳喝了一杯普通的飲料，但突然就覺得很頭暈。不過他立即意識到是有人下毒想對付他，結果他趁還有意識時立即離開。但那次之後，他便開始明白到，要在賭場賺錢將會變得越來越危險。

大約 1969 年，他開始轉戰股市，成立了全球第一家量化對沖基金，可以說他就是全球最先出現的 Quants。他的對沖基金名為 Princeton Newport Partners，完全是依據數學建立套利模型進行交易。其後約 20 年，這家對沖基金的淨值上升了超過 14 倍，同期標普 500 指數則只升了接近 5 倍。

當時他是用自創的公式計算期權的「合理價」，只要高於合理價便造淡，低於合理價便造好。大家可能會想，窩輪也是期權，現在連窩輪發行商的網頁都有提供計算窩輪合理價的工具，又有甚麼特別呢？

但要知道，當年根本連 Black-Scholes Model 也未出現。現在所有期權的合理價都是用 Black-Scholes Model 來計算的，而若在大學主修金融，研究得最多的也是 Black-Scholes Model。這個模型的其中一位研發人就是 Myron Scholes，他也因為這項研究奪得了諾貝爾經濟學獎。而 Edward Thorp 自創的計算期權合理價方法，其計算公式與 Myron Scholes 所想出的非常非常接近。更有趣的是，過程中並不是 Myron Scholes 先想出來，而是兩個人差不多同時間想到了類似的公式。其後兩人曾經見面，也發現了這個情況。不過，Edward Thorp 把重心放在交易之上，而 Myron Scholes 則集中於學術研究，因此後者最終才奪得了諾貝爾獎。

然而，重點是，Edward Thorp 當年使用的策略，可能現在已行不通。不過，他當年除了創出公式計算期權合理價外，他的下注方式也運用了凱利公式。值得留意的是，他使用的公式還稍作了改良。

這是昨天介紹的凱利公式：

- b 為盈虧比
- p 為勝率
- q 為虧損概率，即 $q = 1 - p$

我們重溫一下計算公式：

勝率 × 淨收益率－負率 × 淨損失率＝

$0.5 \times 1 - 0.5 \times 0.5 = 0.25$

Part 03

試想想，假設你同時想買入騰訊（00700）及比亞迪（01211），你有 10 萬港元本金，應該怎樣分配資金？每隻股票用一半資金來買嗎？

其實根本不應將 50 萬元本金全數投入到兩隻股票上。若運用凱利公式，就能很簡單地計算出應該買入多少資金。我們先收集兩隻股份過去一年的數據，要找的數據包括：

1. 過去一年有多少個月份是上升的？
2. 過去一年有多少個月份是下跌的？
3. 過去一年中上升月份的平均回報是多少？
4. 過去一年中下跌月份的平均虧損是多少？

假設騰訊在過去一年有 7 個月上升，5 個月下跌，上升月份的平均回報是 4%，而下跌月份的平均虧損是 2%。

套用到凱利公式中，計算如下：

- $b = 4 / 2 = 2$
- $p = 7 / 12 \approx 0.583$
- $q = 1 - p \approx 0.417$

那麼，

$f = (1.166 - 0.417) / 2 \approx 0.3745$

另外，假設比亞迪在過去一年同樣有 7 個月上升，5 個月下跌，但上升月份的平均回報是 6%，而下跌月份的平均虧損仍為 2%。

計算如下：

- $b = 6 / 2 = 3$
- $p = 7 / 12 \approx 0.583$
- $q = 1 - p \approx 0.417$

則，

$f = (1.749 - 0.417) / 2 \approx 0.666$

你可以先將 50 萬港元分成兩部分，每部分資金是 25 萬元。然後，買入騰訊應只用 (250,000 × 37.45%) = 93,625 元；而買入比亞迪的部分則應用 (250,000 × 66.6%) = 165,000 元。

結果是，你 50 萬元本金，實際只需動用 258,625 元。剩餘資金則可保留收息，最終的實際回報會比直接各投入 25 萬元買入兩隻股票來得更高。當然，這是以每年計算，你亦可以改為更短時間去進行計算。

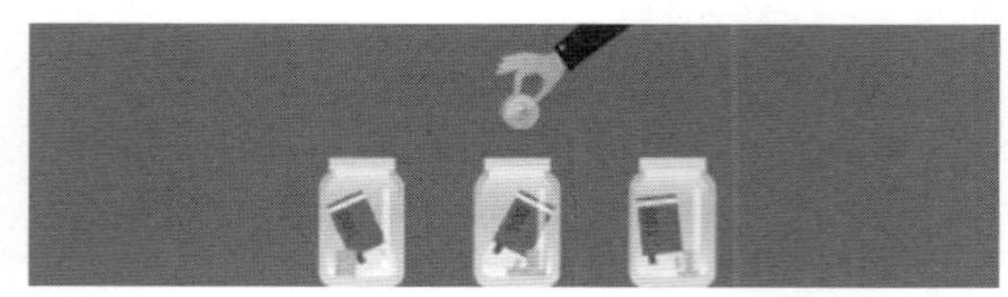

此外，筆者在課堂上也曾提及一點：若你要為他人操盤，管理一筆較大的資金，很多人會以為買入一個「投資組合」就能分散風險。但事實上，即使買入 100 隻股票，遇上大跌市時也難以有效分散風險。甚至即使把資金分散投資於不同類型資產，包括債券，亦可能遇到股債齊跌而造成虧損。

真正能有效分散風險的方法，是將資金分成許多部分，然後投入到不同的交易策略中。例如，你管理 1 億元資金，原本打算每隻股票投入 100 萬元，買入 100 隻股票組成投資組合。但若改為每個交易策略投入 100 萬元，同時使用 100 個不同的交易策略去操作，這些策略中包含了「突破買入／造淡」策略，也有「估頂估底」的逆市交易策略，當中既有 Daytrade 策略，也有短炒（Swing Trading）策略，那麼分散風險的效果便會大大提高。

當然，大家可能會想到：若每個策略都投入相同金額，豈不是「白做」？盈利很難見到明顯提升？所以我們才需要依靠凱利公式，根據各策略的勝算及盈虧比去決定下注金額。而且，每個策略也可以不斷優化，甚至每天進行優化更新。

此外，筆者在課程及 Patreon 中也介紹過 LSTM 模型，並強調若將原始市場數據輸入模型中進行優化，其實效果並不大。但若將完整的交易策略輸入模型，便可以優化策略。優化後的策略能看到最新的勝算及盈虧比，然後將這些數據輸入凱利公式，就可以準確得知每次下注應投入多少資金才是最好的選擇。

Pine Script 中的 Array 用法

本書中提供了很多 Trading View 的 Pine Script 教學，應該大家已開始對 Pine Script 有一定了解。但當你想寫一些較複雜的策略，又或參考別人寫的例子時，你會發現用 Pine Script 寫的代碼經常要使用 Array（陣列）的寫法。正如本書中的實戰篇中有兩篇文章，包括教大家如何用 Trading View 寫 Machine Learning 的 KNN 演算法，也是要用到 Array 的寫法。

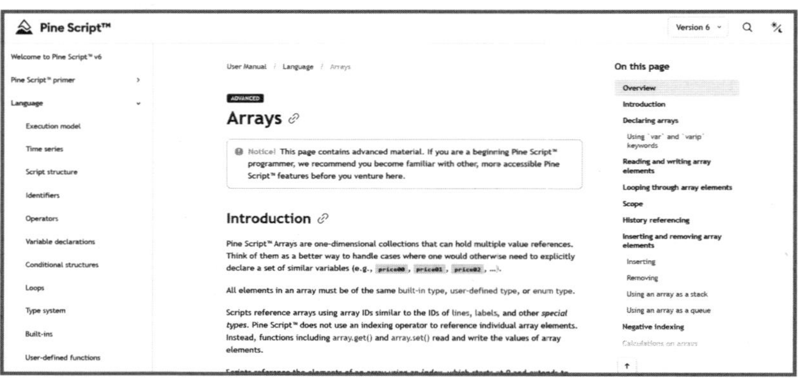

其實無論你用 Pine Script、MultiCharts 的 PowerLanguage、Python、Java 等語言，都需要寫 Array。簡單來說，若你要儲存多個相關的數據，然後將這些數據排序、搜索或用以重新計算的時候，就需要用 Array。

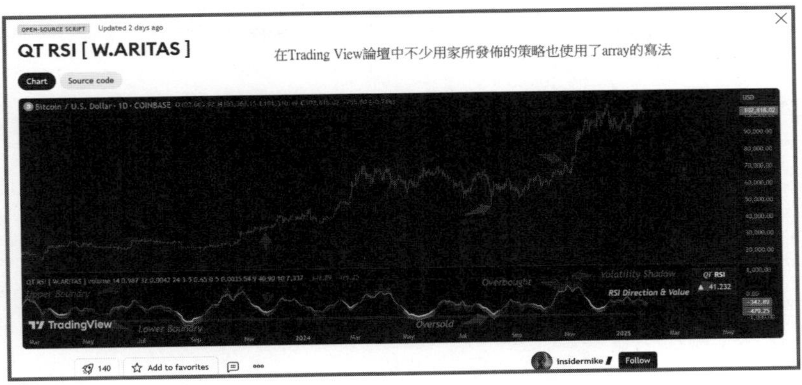

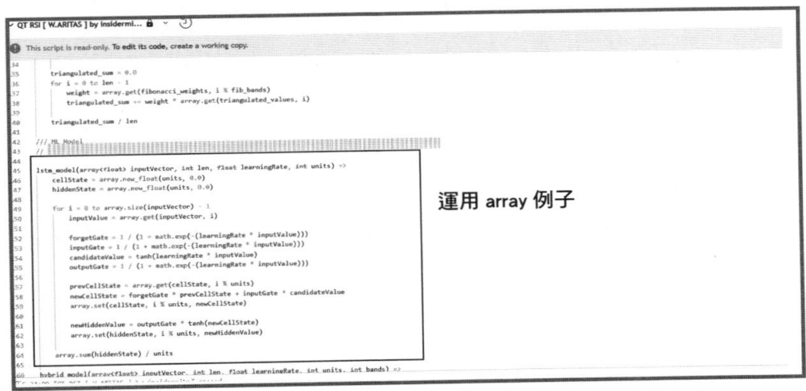

好像 KNN 要不斷把新資料放入陣列內，然後觀察過去 14 支 Bar 內的資料，這 14 支 Bar 的資料就是陣列。又或當你想寫一個交易策略，想不斷將過去 10 支 Bar 內抽出 RSI 數值大於 80 的次數，若然出現在過去 10 支 Bar 內 RSI 大於 80 的次數達到 6 次或以上便視為買入訊號，這種策略也需要用 Array 來完成。

筆者再用一些簡單的語法例子，讓大家更容易明白。在 Pine Script 中，一般我們要熟練 array.new_float(0)、array.size、array.push、array.shift、array.clear 及 array.sort_indices 的用法：

第一步驟

array.new_float(0)
創建一個數據會有小數點的陣列。

```
var rsi_array = array.new_float(0)
```

只要你想寫陣列，這部分就是必需的。以上的語法就是創建了一個名為 rsi_array 的陣列。

第二步驟

有了一個名為 rsi_array 的陣列後，自然便需要將數據加到陣列中，這部分便要用 array.push。

例子：

```
array.push(rsi_array, 10.5)
array.push(rsi_array, 20.3)

label.new(bar_index, high, "Array: " + str.tostring(array.get(rsi_array, 0)) + ", " + str.tostring(array.get(my_array, 1)))
```

圖表上便會顯示：

Array: 10.5, 20.3

第三步驟

當數據加入了陣列後，我們不可能讓陣列無止境增加數據，故此要控制陣列的長度。這時候就要用 array.size。

```
var rsi_array = array.new_float(0)
array.push(my_array, 5.5)
array.push(my_array, 15.2)

size = array.size(rsi_array)

label.new(bar_index, high, "Array Size: " + str.tostring(size))
```

圖表上會顯示：

```
Array Size: 2
```

第四步驟

在第二步驟中，大家學到 array.push 是把新數據加到陣列中，其實這個步驟是把數據加到陣列的最尾。原本陣列是 1,2,3,4,5,6，然後有一個新的數據是 7，用 array.push 加上後，陣列就會變成 1,2,3,4,5,6,7。

但若我們要控制陣列的 size 只有 6 個數據，那便要運用 array.shift。過程中會移除陣列中的第一個數據。原本的數組 1,2,3,4,5,6，會用 array.shift 移除 1，同時用 array.push 加上 7，最後成為 2,3,4,5,6,7。

第五步驟

當增加了數據到陣列後，若然要進行排序，這也是最常見的應用方法。這時候就要用 array.sort_indices 及 array.get。

```
var rsi_array = array.new_float(0)
array.push(my_array, 15.0)
array.push(my_array, 5.0)
array.push(my_array, 10.0)

sorted_indices = array.sort_indices(rsi_array)
```

以上部分把 rsi_array 的數據由小至大排列。然後我們分別給每個數據一個名稱，再用 array.get 獲得數據。

```
sorted_value_1 = array.get(my_array, array.get(sorted_indices, 0))
sorted_value_2 = array.get(my_array, array.get(sorted_indices, 1))
sorted_value_3 = array.get(my_array, array.get(sorted_indices, 2))

label.new(bar_index, high, "Sorted Values: " + str.tostring(sorted_value_1) + ", " + str.tostring(sorted_value_2) + ", " + str.tostring(sorted_value_3))
```

圖表上會顯示：

Sorted Values: 5.0, 10.0, 15.0

看到這些講解後，大家應發現，其實要運用 Array 根本不是太困難。日後大家看到很多別人寫的 Pine Script 例子，都會看到有 Array 的應用。緊記以上的五個例子，就會看得明白別人的代碼究竟在寫甚麼，下一篇文章的例子便需要學懂 Array 的寫法才明白。

K-nearest neighbors (KNN) algorithm 原理

K-nearest neighbors（KNN）的中文名稱為「K 近鄰演算法」，很多人會說它是一種「基本分類和回歸方法」。

若你開始學習撰寫 AI，大部分人應該都接觸過這個演算法。筆者強調，它是演算法，並不算是一個模型，因為它的計算其實非常簡單，當你開始學寫 AI 時，這根本只是入門級的演算法。

KNN 是在 1951 年由美國數學家 Evelyn Fix 及 Joseph Lawson Hodges 提出的，這就代表這個演算法其實已有 70 多年歷史。

然後，會有人說，KNN 可以輸入一個新的實際例子，只要比較與「鄰居」的距離，就可以知道它是屬於哪一類？（這時大家可能會疑惑：甚麼是鄰居？數據有鄰居的嗎？）

維基百科就喜歡用以下這張圖來解釋：

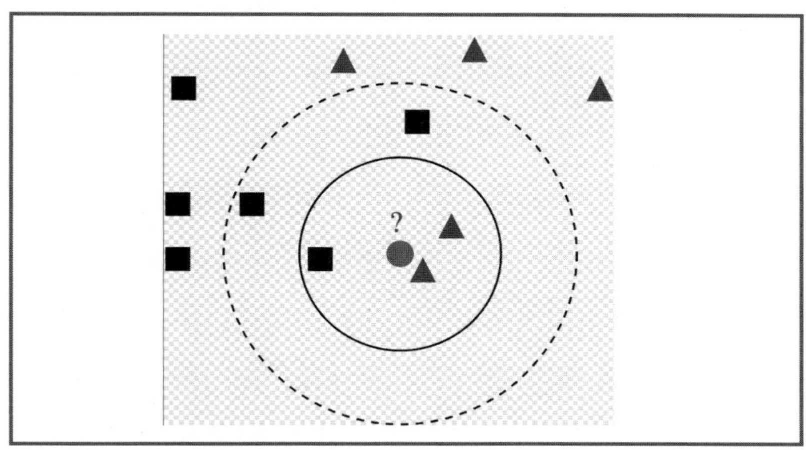

假設有兩類不同的樣本數據，分別以藍色的正方形和紅色的三角形表示，而圖正中間的綠色圓形就是你用來測試的數據。接下來，便觀察綠色點最鄰近的三個圖形是哪一類較多——紅色三角形還是藍色正方形？圖中，綠色點最鄰近的兩個是紅色三角形，一個是藍色正方形，故此，綠色點應歸類為紅色三角形這一類。

那為甚麼只看最近的三個圖形來決定呢？其實你可以自行決定。如果把 KNN 的 K 設定為 K=3，那便是用最鄰近的三個圖形；若設定為 K=5，則是用最鄰近的五個圖形。

看到這裡，大部分人都會覺得 KNN 很簡單。看過維基百科的圖表後便立即明白了。接著再往下看，維基百科又告訴你：這個演算法是根據綠色點與藍色正方形和紅色三角形之間的「距離」來判斷的，而且這距離並不是肉眼看見的距離，而是要用公式去計算的。

接下來又會告訴你可以用以下三種公式去計算距離：

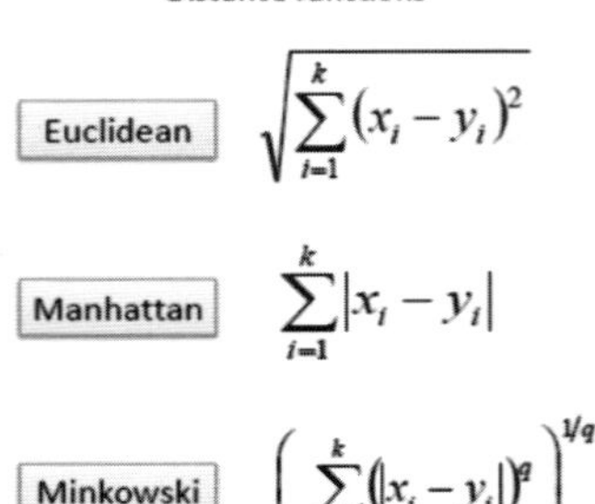

看到這些公式時，有部分人可能會開始「頭痛」，甚至想打電話問以前的數學老師。但其實無需擔心，計算其實非常簡單，而且只要記住第一種公式就已經足夠。筆者觀察所得，大部分人在寫 KNN 演算法時，都是使用第一種距離公式。

大家可以理解為，你有一組數值，想與另一組數值比較，看它們之間有多相似。所謂的「相似程度」，在數學中會被稱為「距離」。所以 KNN 才會告訴你要計算「距離」，因此才有「鄰居」的說法，因為要找出與你要測試的數值距離最近的那一組。

假設我們有一個 KNN 分類問題，有以下幾個樣本：
樣本 1：[2, 4]，標籤 A
樣本 2：[3, 5]，標籤 B
樣本 3：[6, 1]，標籤 A

樣本 N
測試樣本為：[4, 3]

使用第一條公式計算距離：
例如，[2,4] 中 X=2，Y=4；[4,3] 減去 [2,4] 就是 [2, -1]。

距離計算如下：
距離（樣本 1）= $\sqrt{((4-2)^2 + (3-4)^2)} = \sqrt{(2^2 + (-1)^2)} = \sqrt{5} \approx 2.236$
距離（樣本 2）= $\sqrt{((4-3)^2 + (3-5)^2)} = \sqrt{(1^2 + (-2)^2)} = \sqrt{5} \approx 2.236$
距離（樣本 3）= $\sqrt{((4-6)^2 + (3-1)^2)} = \sqrt{((-2)^2 + 2^2)} = \sqrt{8} \approx 2.828...$
距離（樣本 N）= ...

其實第一條公式看似複雜，實際計算起來卻很簡單。

將每個與測試樣本的距離排序，假設距離最小的三個樣本為樣本 1、樣本 2、樣本 3：

排序結果：[2.236, 2.236, 2.828]

由於選擇了前 K 個最近鄰（K=3），三個鄰居中有兩個標籤為 A，一個為 B。根據多數投票法，我們便將測試樣本歸類為標籤 A。

所以，根據 KNN 算法，特徵向量 [4, 3] 的預測標籤為 A。

有部分學員看到 KNN 的三條距離公式時會覺得「頭痛」，但只要理解第三條 Minkowski 公式，其實便會發現計算並不困難。

Sigma 符號代表加總，直棟符號代表絕對值（Absolute value），也就是無論正負都會轉為正數。而公式中的 1/q，則表示將總和進行 q 次方根，再將結果取 q 次方。例如，若 q = 3，就用計算機取三次方根，然後將結果再做三次方，就是答案。

順帶一提，X^2 表示 X 的二次方，^ 是用來表示次方的符號。

看到這裡，大家應該已經覺得 KNN 公式並不複雜，甚至可以用 Excel 自行計算出來。不過，實際應用在股市上是如何運作的？請看以下例子：

假設股價情況如下：
今日股價：10 元
昨日股價：8 元
前日股價：7 元
今日 RSI(9)：50
昨日 RSI(9)：40
前日 RSI(9)：60
今日 ATR(10)：0.3
昨日 ATR(10)：0.2
前日 ATR(10)：0.15

這顯示今日的股價明顯上升，而 RSI 和 ATR 的變化也反映出市場的特徵。這個樣本可以作為第一個 KNN 的訓練樣本。

訓練樣本特徵向量例如：
樣本 1：[10, 8, 7, 50, 40, 60, 0.3, 0.2, 0.15] → 標籤：上漲

樣本 2：[5, 7, 10, 55, 50, 30, 0.3, 0.2, 0.1] → 標籤：下跌
樣本 3：[15, 9, 8, 45, 60, 70, 0.25, 0.3, 0.6] → 標籤：上漲
樣本 N → 標籤：下跌

現在我們有了大量訓練樣本，可以拿近期某一筆數據作為測試樣本：

測試樣本：[11, 9, 8, 55, 45, 65, 0.35, 0.25, 0.2]

使用 KNN 的距離公式，計算與所有訓練樣本的距離，選出距離最短的三個樣本進行投票。

例如：

- 第一近：樣本 2，距離 d1
- 第二近：樣本 1，距離 d2
- 第三近：樣本 3，距離 d3

三個樣本中有兩個標籤為上漲，一個為下跌，則測試樣本預測結果為「上漲」。

從這裡，我們可以觀察出幾個重要特徵：

1. RSI 較高時，股價可能處於超買狀態，預示上漲。
2. ATR 較高表示波動加大，可能預示市場將上行。
3. 若前一日股價較低而今日上升，代表升勢強勁。

有了這些特徵後，你便可以設計個人化的交易策略，甚至進一步測試加入更多技術指標是否能提升預測準確性。

現在大家應該不再覺得 KNN 是甚麼深奧的理論，這其實只是演算法中的入門等級。而其他 AI 相關演算法也不像大家想像中那麼困難，而且很多計算過程根本可交由電腦處理，只要你理解其原理即可。

另外，雖然網上很多資料都說 KNN 必須使用 Python 的第三方庫如 Keras 或 scikit-learn 才能寫出來，但其實大家放心，筆者會教你如何用 Trading View 的 Pine Script 也可以實現 KNN，而且應用於交易策略上會非常實用。

如何用 TradingView 寫 Machine Learning 的 KNN 算法

對很多炒家來說，筆者一直強調 Trading View 其實真的「很夠用」，即使你在學習機械學習（Machine Learning）的知識時，最初會接觸到的就是 Linear Regression，然後你會再接觸到一些演算法，例如 KNN（K Nearest Neighbor）。大部分人會用 Python 的 sklearn 來寫這個演算法，但其實 Trading View 的 Pine Script 也能做到。

但可能有些讀者仍然不明白 KNN 算法的用處，筆者先再舉一些例子讓大家更容易理解。在真實交易時，無論你使用任何技術指標，都可能會遇到一個問題——同一準則，在今天與昨天會出現不同的效果。例如，昨天 RSI 跌至 30 後就會反彈，但今天 RSI 跌至 30 後卻會先出現一輪急跌才反彈。對 Daytrader 而言，這就有很大的分別。因為若你在 RSI 跌至 30 便買入，而當日股價先急跌再反彈，但反彈幅度不大，那你可能需要先止蝕離場。

例如以下例子，假設你的即市交易策略運用了 RSI、ATR 及 Linear Regression Slope 這三個指標：

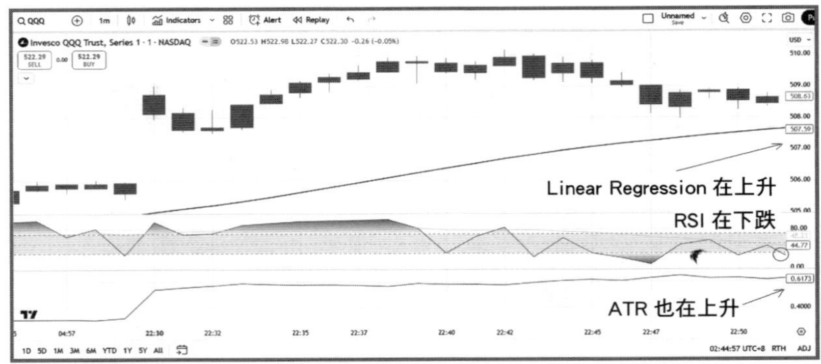

上圖中可見，ATR 也在上升，Linear Regression Slope 也向上，但 RSI 卻在急跌，而且已跌至 30 以下。這時候究竟應該買升還是造淡？

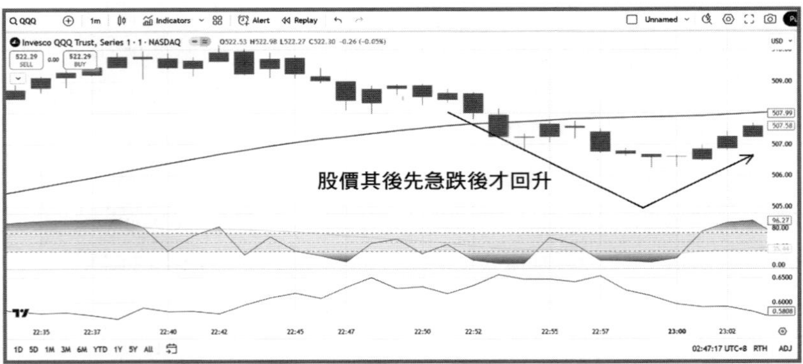

結果當時出現的情況是，股價先急跌後才回升，而且反彈幅度不大。若你看到 RSI 跌至 30 便買入，很可能會出現虧損。

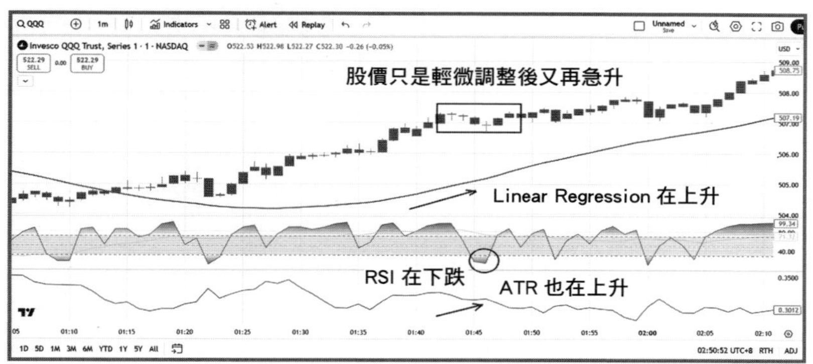

不過，最大的問題是，同樣的情況在第二天又可能不同。我們再看上圖，同樣是 ATR 上升、Linear Regression Slope 向上，RSI 也在下跌，並跌至 30 以下。但當時股價只是先作整固，跌幅並不大，然後便展開很強的升浪。

這正是運用技術指標時常見的問題——今天的情況與昨天明明一樣，但結果卻完全不同。其實每天市場上的買賣盤都會有所差異。昨天可能因為許多人想止賺離場，股價稍為下跌，當 RSI 跌至 30，就有較多人平倉離場，導致價格先急跌後才回升。但今天可能大家已較為冷靜，或是盤前出現了新消息，即使股價下跌，RSI 同樣跌至 30，但卻沒有再急跌，反而很快便回升。

若你運用 KNN 演算法，就很容易處理這類情況。RSI、ATR 及 Linear Regression Slope 這三個指標，可以輸入到 KNN 中，並判斷目前出現的組合，在過去一段時間內較常導致股價上升還是下跌。若近期較多平倉盤令股價跌勢加劇，KNN 算法會告訴你股價「先跌」的機會較大；但若近期並沒有太多平倉盤，KNN 則會顯示「先反彈」的機會更高。

兩個炒家都在運用相同的技術指標，但其中一位再配合 KNN 演算法來分析，自然會有較大的優勢。

至於如何用 Pine Script 寫 KNN 演算法，又如何在算法中配合不同技術指標使用，請參考以下完整代碼。此段代碼筆者同時運用了 5 個指標，包括 RSI、ADX、Linear Regression Slope、DMI 及 MACD。

```
//@version=5
indicator("KNN Strategy with Multiple Indicators", overlay=true)
K = input.int(3, title="Number of Neighbors (K)", minval=1)
N = input.int(14, title="Lookback Period", minval=1)
lr_period = input.int(14, title="Linear Regression Period",
minval=1)
adx_period = input.int(14, title="ADX Period", minval=1)
macd_fast = input.int(12, title="MACD Fast Period", minval=1)
macd_slow = input.int(26, title="MACD Slow Period", minval=1)
macd_signal = input.int(9, title="MACD Signal Period", minval=1)
rsi_value = ta.rsi(close, 14)


lr_slope = ta.linreg(close, lr_period, 0)


plus_dm = math.max(ta.change(high) > 0 ? ta.change(high) : 0, 0)
minus_dm = math.max(ta.change(low) < 0 ? -ta.change(low) : 0, 0)
tr = ta.tr(true)
plus_di = ta.sma(plus_dm / tr * 100, adx_period)
minus_di = ta.sma(minus_dm / tr * 100, adx_period)
dx = math.abs(plus_di - minus_di) / (plus_di + minus_di) * 100
adx_value = ta.sma(dx, adx_period)


[macd_line, signal_line, _] = ta.macd(close, macd_fast, macd_slow,
macd_signal)
```

```
var rsi_history = array.new_float(0)
var price_history = array.new_float(0)
var slope_history = array.new_float(0)
var adx_history = array.new_float(0)
var macd_history = array.new_float(0)


if array.size(rsi_history) < N
    array.push(rsi_history, rsi_value)
    array.push(price_history, close)
    array.push(slope_history, lr_slope)
    array.push(adx_history, adx_value)
    array.push(macd_history, macd_line)
else
    array.shift(rsi_history)
    array.push(rsi_history, rsi_value)
    array.shift(price_history)
    array.push(price_history, close)
    array.shift(slope_history)
    array.push(slope_history, lr_slope)
    array.shift(adx_history)
    array.push(adx_history, adx_value)
    array.shift(macd_history)
    array.push(macd_history, macd_line)
```

Part 03

```
var distance = array.new_float(0)
array.clear(distance)
for i = 0 to array.size(rsi_history) - 1
    dist = math.pow(rsi_value - array.get(rsi_history, i), 2) +
         math.pow(close - array.get(price_history, i), 2) +
         math.pow(lr_slope - array.get(slope_history, i), 2) +
         math.pow(adx_value - array.get(adx_history, i), 2) +
         math.pow(macd_line - array.get(macd_history, i), 2)
    array.push(distance, dist)


sorted_indices = array.sort_indices(distance)
neighbors = array.slice(sorted_indices, 0, math.min(K, array.size(sorted_indices)))


buy_count = 0
sell_count = 0
for idx in neighbors
    neighbor_rsi = array.get(rsi_history, idx)
    neighbor_price = array.get(price_history, idx)
    neighbor_slope = array.get(slope_history, idx)
    neighbor_adx = array.get(adx_history, idx)
    neighbor_macd = array.get(macd_history, idx)
```

```
        if rsi_value > neighbor_rsi and close > neighbor_price and lr_slope > neighbor_slope and adx_value > neighbor_adx and macd_line > 0
            buy_count += 1
        else if rsi_value < neighbor_rsi and close < neighbor_price and lr_slope < neighbor_slope and adx_value < neighbor_adx and macd_line < 0
            sell_count += 1


var int buy_signal_count = 0
var int sell_signal_count = 0

buy_signal = buy_count > sell_count
sell_signal = sell_count > buy_count

if buy_signal
    buy_signal_count += 1
    sell_signal_count := 0
else if sell_signal
    sell_signal_count += 1
    buy_signal_count := 0
else
    buy_signal_count := 0
    sell_signal_count := 0
```

```
final_buy_signal = buy_signal_count >= 6
final_sell_signal = sell_signal_count >= 6


plotshape(final_buy_signal, title="Buy Signal", location=location.belowbar, color=color.green, style=shape.labelup, text="BUY")
plotshape(final_sell_signal, title="Sell Signal", location=location.abovebar, color=color.red, style=shape.labeldown, text="SELL")
```

這段代碼大家可以直接 copy 到 Trading View 的 Pine Editor 中使用。筆者也為大家解釋一下部分語法，只要學懂了，就可以自行修改或擴展。首先，input 及計算指標的部分應該大家都不覺得困難；至於 DMI，筆者是用自己寫的版本：

```
plus_dm = math.max(ta.change(high) > 0 ? ta.change(high) : 0, 0)
minus_dm = math.max(ta.change(low) < 0 ? -ta.change(low) : 0, 0)
tr = ta.tr(true)
plus_di = ta.sma(plus_dm / tr * 100, adx_period)
minus_di = ta.sma(minus_dm / tr * 100, adx_period)
dx = math.abs(plus_di - minus_di) / (plus_di + minus_di) * 100
adx_value = ta.sma(dx, adx_period)
```

另以下語法代表為 MACD、RSI、Linear Regression Slope、ADX 及股價各自建立一個陣列，因為在使用 KNN 算法時，我們需要用到過去 N 支 Bar 的資料。

```
var rsi_history = array.new_float(0)
var price_history = array.new_float(0)
var slope_history = array.new_float(0)
var adx_history = array.new_float(0)
var macd_history = array.new_float(0)
```

我們不可能無限地將新資料加入陣列，因此我們只觀察過去 N 支 Bar 的資料，而 N 已設定為 14。因此以下語法代表：當資料超過 14 支 Bar 時，就會移除最舊一支，確保陣列中只保留最新的 14 支 Bar。

```
if array.size(rsi_history) < N
    array.push(rsi_history, rsi_value)
    array.push(price_history, close)
    array.push(slope_history, lr_slope)
    array.push(adx_history, adx_value)
    array.push(macd_history, macd_line)
else
    array.shift(rsi_history)
    array.push(rsi_history, rsi_value)
```

接著，KNN 的核心就是使用歐氏距離來進行計算：

```
var distance = array.new_float(0)
array.clear(distance)
for i = 0 to array.size(rsi_history) - 1
    dist = math.pow(rsi_value - array.get(rsi_history, i), 2) + ...
```

array.push(distance, dist)

我們已有 14 個訓練樣本：

假設
第一個訓練樣本的特徵向量：[10,8, 7, 50, 40, 60, 0.3,0.2, 0.15]
第二個訓練樣本的特徵向量：[5,7, 10, 55, 50, 30, 0.3, 0.2,0.1]
第三個訓練樣本的特徵向量：[15, 9, 8, 45, 60, 70, 0.25, 0.3,0.6]
假設最新一支 Bar 的數值如下：

[11, 9, 8, 55, 45, 65, 0.35, 0.25, 0.2]

然後計算歐氏距離的公式是 sqrt((x1 - x2)^2 + (y1 - y2)^2 + ... + (n1 - n2)^2)，

與第一個訓練樣本的距離就是 sqrt((11-10)^2 + (9-8)^2 + (8-7)^2 + (55-50)^2 + (45-40)^2 + (65-60)^2 + (0.35-0.3)^2 + (0.25-0.2)^2 + (0.2-0.15)^2)

然後代碼中用以下兩個獲取最近的 K 個鄰居，K 已設定為 3

sorted_indices = array.sort_indices(distance)

neighbors = array.slice(sorted_indices, 0, math.min(K, array.size(sorted_indices)))

最後就是判斷買入 / 賣出訊號

```
buy_count = 0
sell_count = 0
for idx in neighbors
    neighbor_rsi = array.get(rsi_history, idx)
    ...
    if rsi_value > neighbor_rsi and ...
        buy_count += 1
    else if ...
        sell_count += 1
```


先用 for loop 遍歷 K 個鄰居的值，然後比較當前值與鄰居值，統計買入和賣出訊號的數量。最後筆者設定了必需連續有六個買入訊號，或連續有六個造淡訊號才當作真正的入市訊號，以避免 KNN 算法不斷以每支 Bar 作比較而連續出現入市訊號的問題。

另大家留意這段代碼只是筆者寫的「KNN 算法交易策略」初版，有很多部分，包括入市訊號會連續出現的問題仍要再修改的，經修改及優化後的版本的入市訊號會更準確，筆者會在課程中再教大家。

TradingView 如何連接券商 AutoTrade

由於 Trading View 提供了大量的分析工具，若能與 AutoTrade 的交易功能結合，用戶便能在一個平台上同時進行市場分析和交易。目前市場上能供 Trading View 連接 AutoTrade 的券商也有不少，對使用程式交易的炒家來說其實十分方便。

筆者早在 2014 年已開始教授程式交易，是香港最早開始教授這方面知識的人之一。當年教授的是運用 AmiBroker 及 MultiCharts。記得當時即使是台灣的用家，若要將程式連接至台灣本土的券商也並不容易；大部分使用程式的人都將程式連接到盈透證券（Interactive Broker），原因是 Interactive Broker 早已開放 API，而且其平台對程式有很多支援。

當年我們也是第一個教授如何將程式連接到本港券商的機構。由於香港大部分券商都採用 Sharp Point 提供的 SP Trader，要將程式連接到 SP Trader，除了需要券商開放 API 外，還需要一個由我們自製的 Plug-in 才能成功連結。

其後，富途牛牛的出現帶來了轉變。富途所採用的平台是獨立構建的，而非如大部分本港券商一樣採用 SP Trader 這個平台。雖然富途也開放了 API，但若要連接 Autotrade，仍然需要另外一個自製的 Plug-in。

其實，所謂的 Plug-in 只是運用 Python 撰寫的另一段編程。過程中是透過 Webhook 進行，當中涉及事件觸發、HTTP 請求的發送與接收、數據的解析與處理，以及與第三方 API 的互動等。這種方式讓 Trading View 能夠靈活地將市場信號轉化為自動交易指令。

至今，在我們的課程中，所有可以連接 Autotrade 的方法我們都會教授，包括富途牛牛、Interactive Broker、Webull、Vantage、Pepperstone 以及本港的大型券商等。而且，無論是使用 Trading View、Python、AmiBroker 或 MultiCharts，都可以實現自動交易的整合。

在筆者的 YouTube 頻道上也有相關的示範影片，若大家有興趣，也可以參考以下連結：

https://youtu.be/5_cqEz5qz10?si=z7y8a65gKDt7N6KY

Appendix

附錄

TradingView 手機版使用教學（一）

近年越來越多人認為 Trading View 較 MultiCharts、AmiBroker 等更為方便，除了不用自行輸入數據便能進行 Backtest 外，Trading View 的手機版其實亦非常適合在即市超短線短炒時使用。

現時市場上最熱門的程式中，也只有 Trading View 提供官方的手機版。下載後打開手機版，大家會見到以下的畫面：

上半部分可以看到「新聞」、「日曆」及「設定」，而在最底部則可見「觀察清單」、「圖表」、「探索」及「投資想法」，另外還有「選單」。

首先說一些最基本的功能──若要觀看股市新聞，其實只用 Trading View 已非常足夠。點選「新聞」後，可以按自己的需要選擇不同國家的新聞來源。筆者習慣只看美股新聞，特別是在 Pre-market 時段會留意是否有重大的消息公佈；到了盤中時段，則會觀察是否有「刻意」在盤中才發佈的研究報告等。

除了「新聞」外，另一個重要功能就是「日曆」。美股的重要經濟數據大多於 Pre-market 時段公佈，而公佈後的市場反應如何，往往在 Pre-market 已可觀察到。當中尤其要留意 PCE、CPI、GDP 這三項數據，因為每當這些數據一公佈，都有可能令美股出現短線轉勢。

以上都是最簡單的使用步驟，但在真實交易中，其實還有很多功能值得使用。首先是底部的「圖表」，點選後即可進行多項設定。例如，若你想改變圖表的 timeframe，只需點選「5M」或「1M」的位置。若你在電腦版的圖表設定是 5 分鐘圖，這裡便會顯示為「5M」；若在電腦版設定為 1 分鐘圖，這裡則顯示「1M」。

按下後即可在手機版中自行選擇 timeframe，無論是不同的分鐘圖或秒圖皆可自由切換。

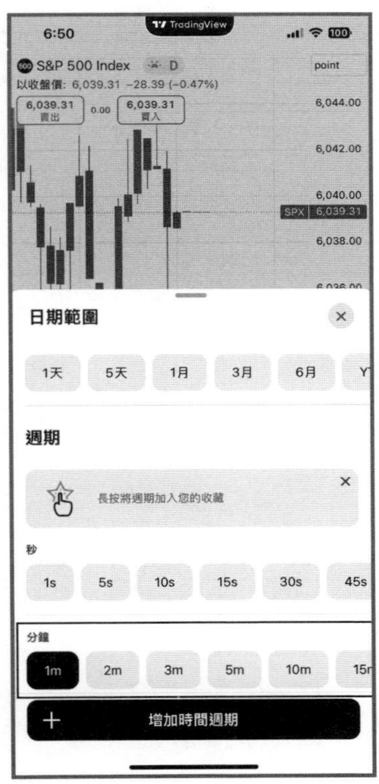

另外，點選「圖表類型」後，便看到多種圖表可供選擇。這幾乎是 Trading View 的獨家功能。即使用 investing.com 的 App，它能提供的圖表類型亦遠不及 Trading View。只要你有即時數據，便可以直接在 Trading View App 內使用圖表進行短炒操作。例如在即市交易中，筆者認為 Renko 圖及 Point and Figure Chart 是非常有用的。

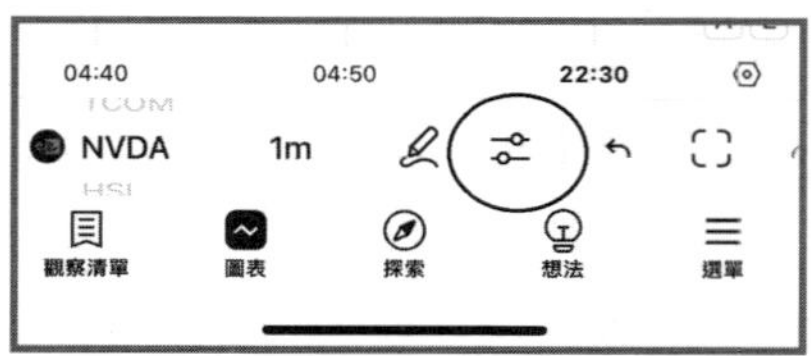

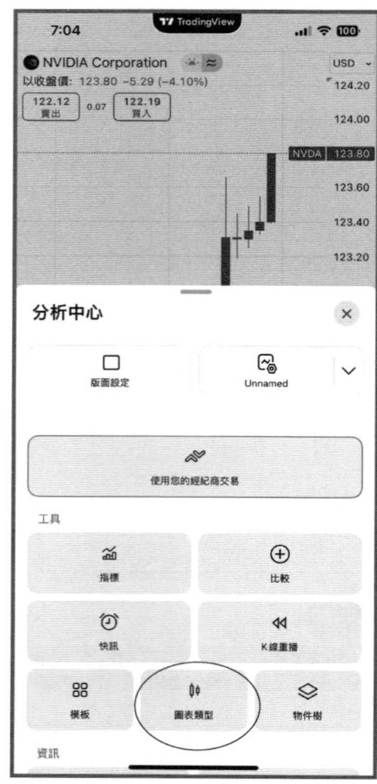

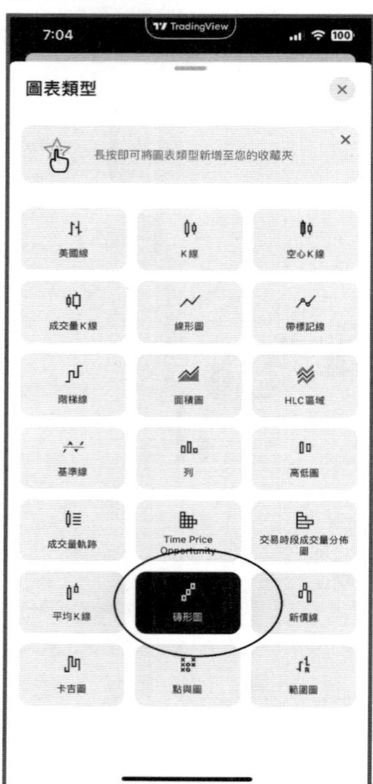

Appendix

以 Renko 圖為例，特別可以觀察「紅色」代表下跌的 Renko 轉為「綠色」代表上升 Renko 的時刻，這可視為即市買入訊號。相反，「綠色」轉為「紅色」則是造淡訊號。不過使用時應排除「正規時段開市後第一根 Renko」，因為開市初段會有大量過夜倉的平倉盤，容易令訊號變得混亂。

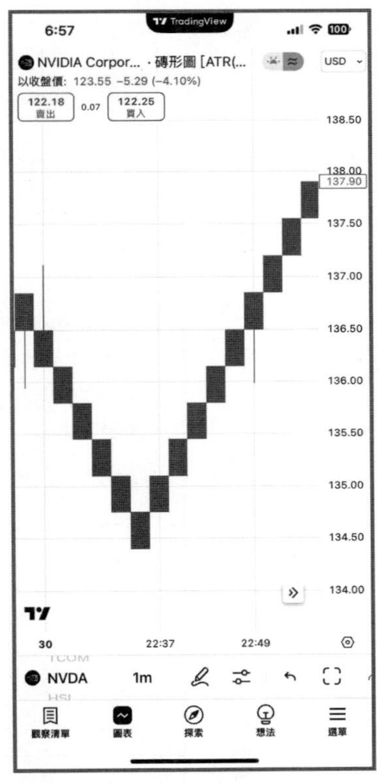

當然，使用 Renko 圖還有許多準則可留意，筆者在其他著作中亦有詳細介紹。

此外，一般來說，每位 Daytrader 每天都會先留意美股 Pre-market 的新聞，同時亦會特別關注當日公佈的重要經濟數據；然後，在常規交易時段開始前，便需特別觀察 Pre-market 的走勢。於 Trading View 手機版中，你可先改變圖表設定，讓自己能同時看到 Pre-market 及 After-market 的走勢：

只要點擊右下角按鈕，選擇「交易時段」，再選擇「延長交易時段」，便可看到 Pre-market 及 After-market 的完整走勢。

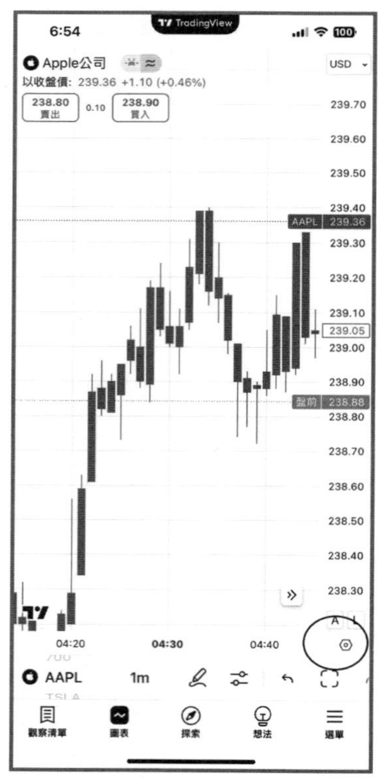

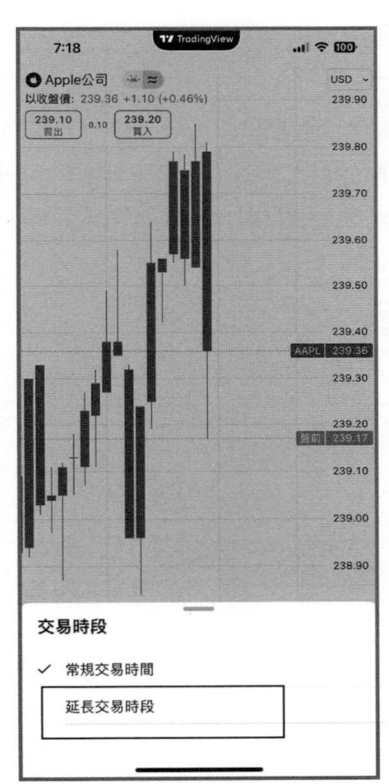

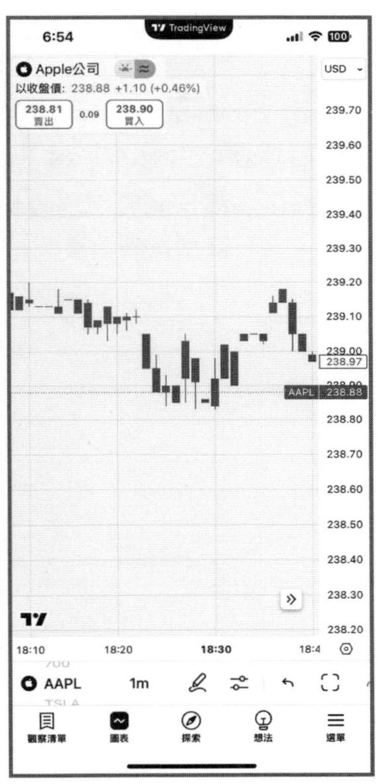

最好能比較一下昨晚 After-market 與今天 Pre-market 的走勢差異。例如，若昨晚 After-markett 散戶大量拋售導致股價大跌，今日 Pre-market 是否已出現反彈？

另外，假設你留意的是 Apple（US:AAPL），在比較其 Pre-market 及 After-market 的走勢後，最好也與大市作對比，判斷其相對強弱。假如 Pre-market 時段出現與 Apple 有關的重要消息，例如傳出最新的生成式 AI 發展，但股價在 Pre-market 仍落後於大市，那麼在正規時段或許有機會爆升；但若股價已大幅跑贏大市，則正規時段開市後可能會出現大量平倉盤，導致股價不升反跌。

最後，也是 Trading View 手機版最實用之處——你自己撰寫的策略與指標，可以在手機上同步使用。此外，Trading View 手機版也提供多種預測股價的資料，而你撰寫好的交易策略亦可設定提示。下一篇文章將有更詳細講解。

TradingView
手機版使用教學（二）

Trading View 的手機版其實對於沒有時間長期對著電腦的人來說確實很方便，因為未必每個人都可以用公司電腦進行交易，又或在家中也可能因種種原因不太方便長時間開著電腦看盤。

例如，若大家想觀看 Footprint Chart，雖然 Trading View 在 2024 年已推出了「Volume Footprint」，只要是 premium 用戶都能使用，但筆者自己亦寫了一個計算方法完全不同的 Footprint Chart，用於即市短炒時非常實用。

在電腦版寫好這個指標後，要在手機版使用其實也十分簡單。只需在手機版上點選圖中的按鈕，再選擇「指標」，這裡包括了 Trading View 的內置指標，及你個人撰寫的所有指標。

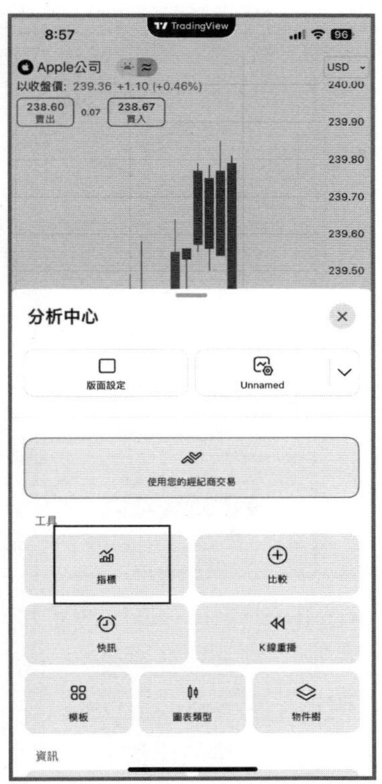

若要選擇自己撰寫的指標，就再選「個人的」，然後在空白處輸入你所寫的指標名稱。例如筆者撰寫的名為「Footprint Chart 5」的指標，只輸入「foot」其實就會顯示出來，直接點擊後就會看到提示：「Footprint Chart 5 已加入圖表」，之後便可在圖表上看到自製的指標。

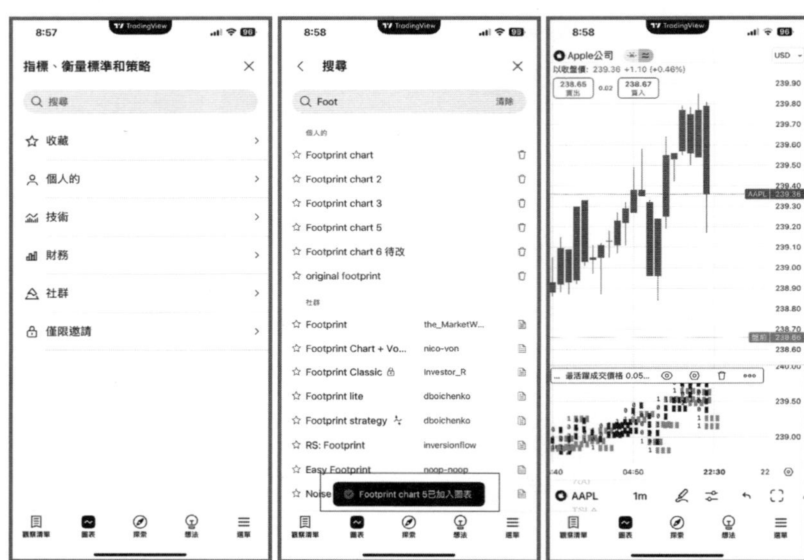

另外，若要更改指標設定，可以按指標名稱的位置，再選擇「設定」按鈕。例如，筆者為此指標設計了五種模式，可供選擇以「最活躍成交價格」、「BidAskDelta」、「只計算成交量差距」、「最活躍成交價格 + 無成交價格」或「無成交價格」來繪製 Footprint Chart。

除了觀看指標外，在手機版其實也可以設定交易提示。仍然是按上圖中的按鈕，再選擇「快訊」，便可以為入市條件設立提示。例如，你可以選擇 Apple（US:AAPL）在 After-market 時段若出現「黃金交叉」訊號便發出提示等。

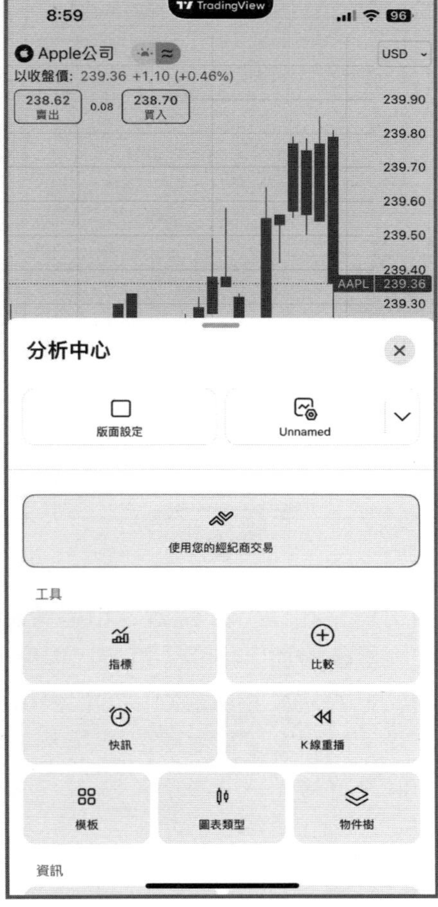

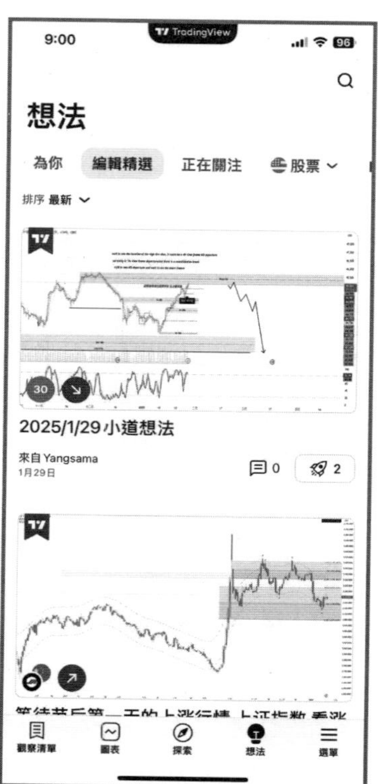

此外，手機版中有一些工具也十分實用。例如，不少炒美股的用戶會關注 VIX 指數。市場普遍認為，當 VIX 指數急升時，代表風險增加，市場「驚慌」程度上升，後市看淡的機會較大；相反，若 VIX 指數急跌，則代表市場對後市樂觀，恐慌程度大幅下降。但個人認為這種預測方法只有在 VIX 指數處於極端水平時才值得留意。

對短線炒家來說，VIX 最值得關注的是，其相關的期權產品有大量散戶會參與交易。越多人瘋狂買入 VIX 的認購期權，代表越來越多散戶開始看淡後市。雖然這不代表大市會立即大跌，但只要出現單日大跌，接下來繼續下跌的機會便會增加，因為大量散戶早已表態看淡。要觀察 VIX 的期權交易，當然可以直接查看相關期權的成交量，但更快速的方法如下：

在手機版中先按最底部的「想法」，再按右上角的「放大鏡」圖示，輸入「VIX」，大家除了可以看到 VIX 指數的圖表外，也可以看到很多用戶對 VIX 發表的看法。筆者經驗發現，對於個股，大家的觀點或許各異；但 VIX 並沒有企業前景或財務比率可供分析，其走勢純粹與市場氣氛有關。當大多數人表示要 Long Call 或 Long Put，就是筆者所說應該特別留意的時候。

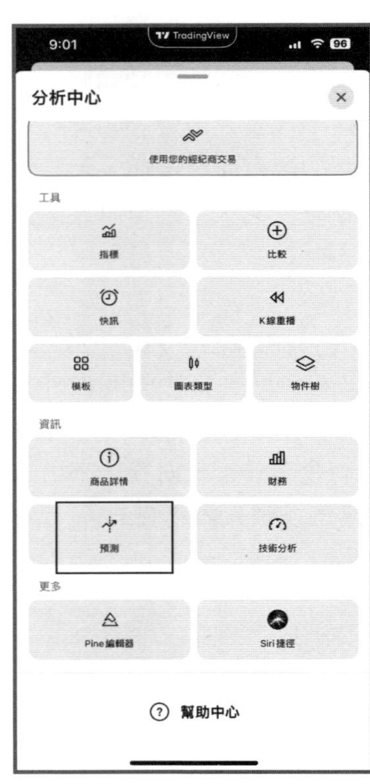

至於個股的分析方面，Trading View 其實也提供了很多有關預測股價走勢的資料。只需按上文提及的相同按鈕，再按「預測」，便可看到 Trading View 綜合各大分析師對該股的預測。系統會顯示預測「最大幅度」的升幅、「平均」升幅及「最小」升幅。這些預測資料是根據分析師對未來一年目標價的預測所整理。不過，單單看一天的預測未必有太大意義，真正值得留意的是到了業績期時，這些預測是否出現明顯改變，例如預測目標價大幅上升或下跌，這時才需要特別注意。

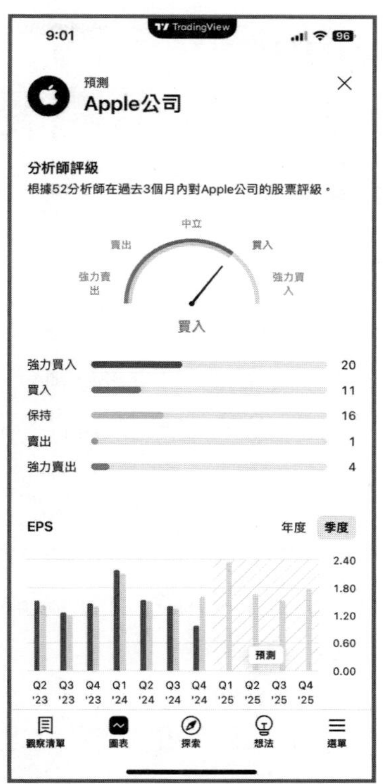

此外，還可以看到有關個股的「分析師評級」。基本上這些評級多為「買入」或「強力買入」等，但若「賣出」的比例從完全沒有開始出現，甚至不斷增加，筆者則會特別關注。

個人認為，Trading View 確實比許多其他程式更好用。基本上，只要你在電腦版寫好所需的指標，便可以直接在手機版上觀察與操作，這些功能都是 MultiCharts 及 AmiBroker 等無法提供的。

如何將 TradingView 的 Pine Script 寫好的策略轉為 Python 版本

大部分新手都會問，若要學習程式交易，哪一種程式語言會最容易入門？也有很多人會進一步追問，哪一種程式語言最有用？筆者一直強調，學習「程式交易」與學習「編程」是兩回事。

學習「編程」涵蓋的範圍極為廣泛，可以用來開發遊戲、App、AI 模型、區塊鏈應用等等，並不限於撰寫交易策略；然而，「程式交易」則是專門針對交易用途，包括策略回測、技術指標的撰寫，以及自動交易系統的開發。

有些人會說學習 Python 最有用，筆者對此並不完全認同。Trading View 的 Pine Script 其實已能撰寫出大部分的交易策略，甚至包括與 Machine Learning 有關的演算法如 KNN 等，本書亦有示範如何用 Pine Script 完成。

筆者建議學習「程式交易」的順序為：

先學好 Pine Script →再學習 Python 中的 backtrader、ib_insync 及 Keras 3.0

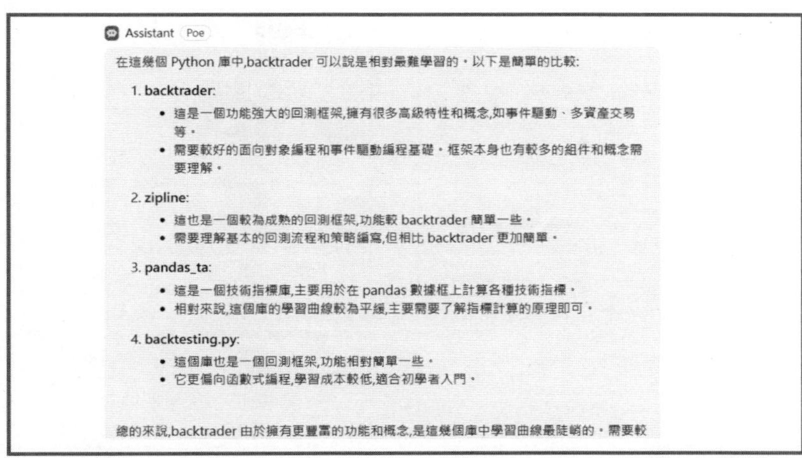

常用作寫交易策略的 Python「第三方庫」包括 Backtrader、Zipline、Pandas_TA、Backtesting.py 等。其中公認最難學的是 backtrader，但也是應用最為廣泛的。雖然「最難學」見仁見智，但你可以試著詢問大型語言模型，幾乎都會指出 Backtrader 難度較高但功能最強，如上圖就連 LLM 也說 Backtrader 是最難學的。不過，一旦掌握了 Trading View 的 Pine Script，再學習 Backtrader 就會變得很容易。

筆者在課程中主要教授的是 Backtrader。雖然很多人認為它難學，但我們不妨來比較一下，用 Backtrader 和 Pine Script 分別實作相同策略的代碼有甚麼異同？

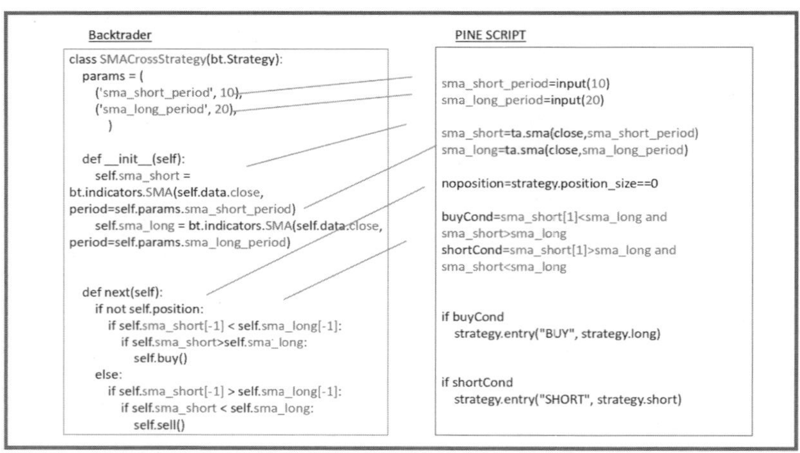

Backtrader

```
class SMACrossStrategy(bt.Strategy):
    params = (
        ('sma_short_period', 10),
        ('sma_long_period', 20),
        )

    def __init__(self):
        self.sma_short =
bt.indicators.SMA(self.data.close,
period=self.params.sma_short_period)
        self.sma_long = bt.indicators.SMA(self.data.close,
period=self.params.sma_long_period)


    def next(self):
        if not self.position:
            if self.sma_short[-1] < self.sma_long[-1]:
                if self.sma_short>self.sma_long:
                    self.buy()
        else:
            if self.sma_short[-1] > self.sma_long[-1]:
                if self.sma_short < self.sma_long:
                    self.sell()
```

PINE SCRIPT

```
sma_short_period=input(10)
sma_long_period=input(20)

sma_short=ta.sma(close,sma_short_period)
sma_long=ta.sma(close,sma_long_period)

noposition=strategy.position_size==0

buyCond=sma_short[1]<sma_long and
sma_short>sma_long
shortCond=sma_short[1]>sma_long and
sma_short<sma_long


if buyCond
  strategy.entry("BUY", strategy.long)


if shortCond
  strategy.entry("SHORT", strategy.short)
```

大家可以看到，原來 Backtrader 與 Pine Script 的語法竟然這樣相似！在 Pine Script 我們會先設定參數，例如 sma_short_period=input(10)，在 Backtrader 也是一樣，只是寫法有不同，每次也是先寫 class XXX(策略名稱)(bt.strategy):，然後便寫 params=(‘自定義名稱’, 參數)。

此外，在 Pine Script 我們要寫指標的計算方法，在 Backtrader 只是每次也先加一句「def__init__(self):」，然後指標名、運用指標的計算以及收市價前就加上「self.」、「bt.indicators」、「self.data.」。在寫入市策略的部分時，就每次加上 def next(self):，然後基本上每個變數之前加上 self.，以及 buy 及 sell 要寫成 self.buy() 及 self.sell()。所以只要大家熟習了 Pine Script，再多看幾個 Backtrader 的例子，根本要學習用 Python 來寫交易策略做回測根本十分容易。

另外，Python 中也有一個第三方庫名為 ta-lib，可以有大量的技術指標應用，大家也可看到與 Pine Script 其實十分相似。在

Pine Script 中寫內置指標會加上「ta.」在指標名稱之前，例如「ta. sma」，在 Python 中若你運用 talib，那便不用再用 bt.indicator. 的寫法，可以直接寫成 bt.talib.SMA，與 Pine Script 的分別根本就只是將「ta.」改為「bt.talib.」，根本沒有甚麼難度。

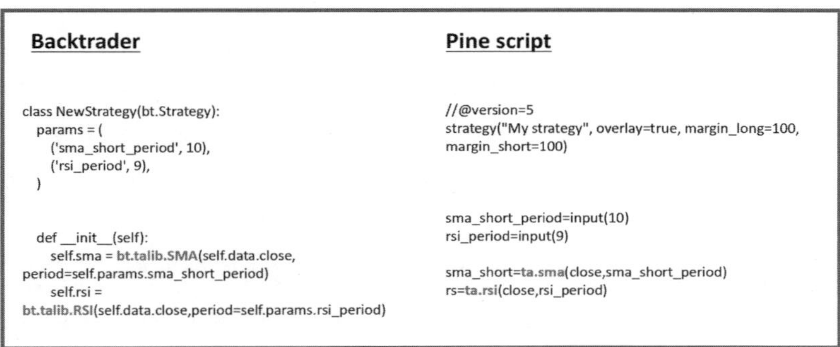

筆者在 Youtube 中也有一些影片示範，大家可參考一下：

https://youtu.be/ZoCX3cZ7cok?si=NFk55QQ0--Hj7GOY

其實，若你是一個寫程式的新手，學習 Pine Script 是最容易上手的，在學習 Pine Script 的過程你獲得了寫程式的基本概念，例如如果設定參數，如何運用 bool statement 來設定一些 true 或 false 的條件，如何運用 for loop 及 Array 等，其實有了這些概念，你再學習其他的程式語言也十分容易。

而 Pine Script 的好處就是你所學習的都是專門針對交易的程式語言，其後你再學習 Python 的 Backtrader、talib 等你便會發現，只是不同的程式語言會有其獨有的語法，但其實原理也是相差無幾，然後多看一些用 Backtrader 寫的例子，並同時與 Pine Script 寫的同一個策略作比較，我們的經驗是，透過這個過程，已掌握 Pine Script 的學員大多能在短時間內同時學懂如何用 Backtrader 寫交易策略。

另外，運用 Python 時還會使用 ib_insync 來寫一些專門針對 Autotrade 的策略，但語法也並不是太複雜，由於 Trading View 的 Pine Script 不能寫一些排盤的策略，例如運用 bid1,bid2,bid3,ask1,ask2,ask3 等排盤的數據來寫一些超短線的交易策略，只有 Python 能做到，而運用 Python 時就是運用 ib_insync 這個第三方庫，但大家可以看看，其實語法也十分簡單易明，在課程中看到不少學員都是新手，但學習了 Pine Script 後有了寫程式的知識，要再學用 ib_insync 寫運用排盤的策略也並不困難。在 Youtube 中也有一些影片示範：

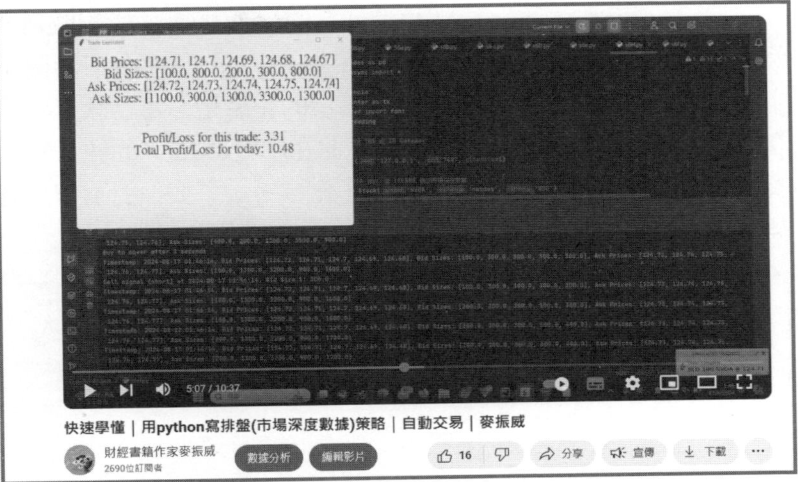

https://youtu.be/UiofLdezSsw?si=dSjnKQkUDMqeGK4S

https://youtu.be/9qX8ggmDtik?si=vReXDt0M9_SExfiX

不過，若大家寫一些 AI 模型便真的只有 Python 能夠做到，例如可運用 Keras3.0、Pytorch 或 Tensorflow，在課程中筆者便是主力教授 Keras3.0 的用法為主。但筆者的經驗是，每當教了一位學員令他已熟習了 Pine Script，然後他在學習 Python 的語法時確實很快能上手，重點是給他一些例子作參考，只要他對寫程式有概念便不難學懂，筆者在 Youtube 中也有一些影片示範：

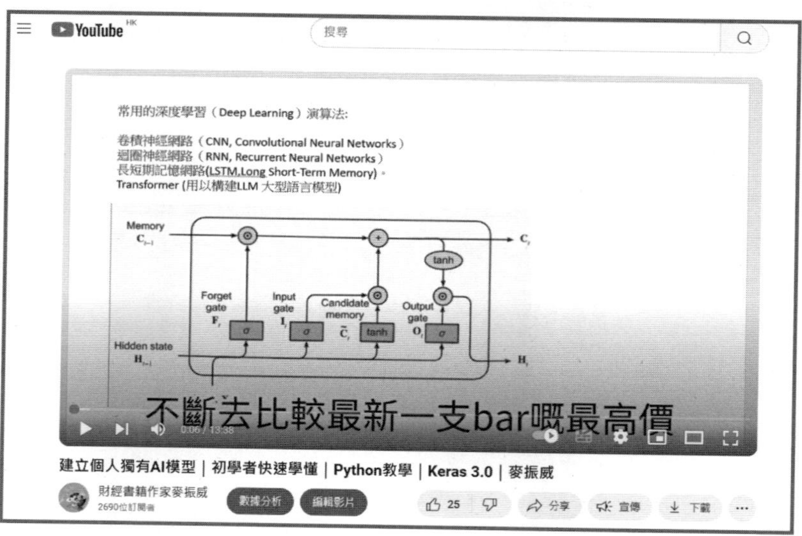

https://youtu.be/zsd3UIfvRXA?si=g86K-fo6x3Db5NjM

一個課程同時學懂

TradingView 、Python 、AI

查詢電話：2540 7894 / Whatsapp：6909 1306

- 學習用Pine Script 編寫不同交易策略Backtest
- Trading View 連富途、IB等Autotrade
- 用Trading View編寫可根據波幅「自動調節技術指標參數」、「自動調整持倉比例」的交易策略
- 學習將Pine Script策略快速轉換成Python版本
- 用Python 寫運用市場深度數據的高頻交易策略
- 用Python 寫AI模型（CNN,LSTM），真正學懂AI原理

python™

Youtube: https://www.youtube.com/@markchunwai

Facebook專頁: https://www.facebook.com/quantshk/

網頁:www.quants.hk

TradingView

TradingView 速成編寫策略專書

作者　：　麥振威
出版　：　博顯出版有限公司
電話　：　2540 7894
傳真　：　2540 1392
電子郵箱　：　literatehongkong@gmail.com

總經銷　：　泛華發行代理有限公司
地址　：　香港新界將軍澳工業邨駿昌街七號星島新聞集團大廈
電話　：　2798 2220
傳真　：　3181 3973
電子郵箱　：　gccd@singtaonewscorp.com
網址　：　http://www.gccd.com.hk

美術設計　：　P.T.T.W

國際書號　：　ISBN 978-988-79310-7-2
出版日期　：　2025年8月

定價　：　港幣129元
台幣510元

PUBLISHED & PRINTED IN HONG KONG
版權所有　不得翻印

本書所刊載之網頁和商標的版權均屬各該公司所有，書中只用作輔助說明之用。本出版社擁有本書所刊載的文字、插圖、版面、封面及所有其他部分的版權，不得以印刷、電子或任何其他形式轉載、複製或翻印，本公司保留一切法律追究的權利。本書編輯已致力查證本書所刊載圖片之版權持有人，如有遺漏，敬希通知出版者，以便再版時更正。

聲明：此書為讀者提供之投資資訊及內容只供參考，不得視為買賣文中所述任何投資之建議或邀請。投資涉及風險，投資項目的價格可升可跌，投資未必一定能夠賺取利潤，反而可能會招致損失，往績數字並非未來表現的指標。投資者在作出投資決定前，應先考慮個人能承擔的風險、預期回報、投資時間及其他有關因素。如有任何疑問，請在作出決定前諮詢獨立之法律、財務及其他專業意見，方可作出有關投資決定。

本書相信內容所載的資料已力求真實及可信，但本出版社及作者不會對其準確性作出任何保證，也不承擔外界因運用本書的內容所引致的任何法律責任及損失。

博顯出版